Maschinenbautechn. Bibliothek

aus der Sammlung Göschen

Jedes Bändchen in Leinwand gebunden **90 Pfennig**

Das Rechnen in der Technik und seine Hilfsmittel (Rechenschieber, Rechentafeln, Rechenmaschinen usw.) von Ingenieur Joh. Eugen Mayer. Mit 30 Abbildungen. Nr. 405.

Technische Tabellen und Formeln von Dr.-Ing. W. Müller, Dipl.-Ing. am Kgl. Materialprüfungsamt zu Groß-Lichterfelde. Mit 106 Figuren. Nr. 579.

Materialprüfungswesen. Einführung in die moderne Technik der Materialprüfung von K. Memmler, Dipl.-Ing., ständiger Mitarbeiter am Kgl. Materialprüfungsamte zu Groß - Lichterfelde. **I:** Materialeigenschaften. — Festigkeitsversuche. — Hilfsmittel für Festigkeitsversuche. Mit 58 Figuren. Nr. 311.

— — **II:** Metallprüfung und Prüfung von Hilfsmaterialien des Maschinenbaues. — Baumaterialprüfung. — Papierprüfung. — Schmiermittelprüfung. — Einiges über Metallographie. Mit 31 Figuren. Nr. 312.

Metallographie. Kurze, gemeinfaßliche Darstellung der Lehre von den Metallen und ihren Legierungen unter besonderer Berücksichtigung der Metallmikroskopie von Prof. E. Heyn und Prof. O. Bauer am Kgl. Materialprüfungsamt (Groß-Lichterfelde) der Kgl. Techn. Hochschule zu Berlin. **I:** Allgemeiner Teil. Mit 45 Abbildungen im Text und 5 Lichtbildern auf 3 Tafeln. Nr. 432.

— — **II:** Spezieller Teil. Mit 49 Abbildungen im Text und 37 Lichtbildern auf 19 Tafeln. Nr. 433.

Statik. I: Die Grundlehren der Statik starrer Körper von Professor W. Hauber, Diplom-Ingenieur in Stuttgart. Mit 82 Figuren. Nr. 178.
— — **II:** Angewandte Statik. Mit 61 Figuren. Nr. 179.

Graphische Statik mit besonderer Berücksichtigung der Einflußlinien von Dipl.-Ing. Otto Henkel, Oberlehrer an der Kgl. Tiefbauschule in Rendsburg. 2 Teile. Mit 207 Figuren. Nr. 603 u. 695.

Festigkeitslehre von Prof. W. Hauber, Diplom-Ingenieur in Stuttgart. Mit 56 Figuren. Nr. 288.

Aufgabensammlung zur Festigkeitslehre m. Lösungen von R. Haren, Dipl.-Ing. in Mannheim. Mit 42 Figuren. Nr. 491.

Hydraulik von Prof. W. Hauber, Diplom-Ingenieur in Stuttgart. Mit 44 Figuren. Nr. 397.

Kinematik von Dipl.-Ing. Hans Polster, Assistent an der Kgl. Techn. Hochschule in Dresden. Mit 76 Abbildungen. Nr. 584.

Elastizitätslehre für Ingenieure. I: Grundlagen und Allgemeines über Spannungszustände, Zylinder, Ebene Platten, Torsion, Gekrümmte Träger von Prof. Dr.-Ing. Max Enßlin an der Kgl. Baugewerkschule Stuttgart und Privatdozent an der Techn. Hochschule Stuttgart. Mit 60 Abbildungen. Nr. 519.

Geometrisches Zeichnen von H. Becker, Architekt und Lehrer an der Baugewerkschule in Magdeburg, neubearbeitet von Professor J. Vonderlinn, Direktor der Kgl. Baugewerkschule in Münster. Mit 290 Figuren und 23 Tafeln im Text. Nr. 58.

Schattenkonstruktionen von Professor J. Vonderlinn in Münster. Mit 114 Figuren. Nr. 236.

Parallelperspektive. Rechtwinklige und schiefwinklige Axonometrie von Professor J. Vonderlinn in Münster. Mit 121 Figuren. Nr. 260.

Zentral-Perspektive von Architekt Hans Freyberger, neubearbeitet von Prof. J. Vonderlinn in Münster i. W. Mit 132 Fig. Nr. 57.

Darstellende Geometrie von Dr. Robert Haußner, Professor an der Universität Jena. **I.** Mit 110 Figuren. Nr. 142.

— — **II.** Mit 40 Figuren. Nr. 143.

Praktisches Maschinenzeichnen von Ing. Rich. Schiffner in Warmbrunn. **I:** Grundbegriffe, Einfache Maschinenteile bis zu den Kuppelungen. Mit 60 Tafeln. Nr. 589.

— — **II:** Lager, Riem- und Seilscheiben, Zahnräder, Kolben-Pumpe, Mit 51 Tafeln. Nr. 590.

Die Maschinenelemente. Kurzgefaßtes Lehrbuch mit Beispielen für das Selbststudium und den praktischen Gebrauch von Friedrich Barth, Oberingenieur in Nürnberg. Mit 86 Fig. Nr. 3.

Metallurgie von Dr. August Geitz in Kristianssand (Norwegen). **I. II.** Mit 21 Figuren. Nr. 313, 314.

Eisenhüttenkunde von A. Krauß, diplomierter Hütteningenieur. **I:** Das Roheisen. Mit 17 Figuren und 4 Tafeln. Nr. 152.

— — **II:** Das Schmiedeisen. Mit 25 Figuren und 5 Tafeln. Nr. 153.

Lötrohrprobierkunde. Qualitative Analyse mit Hilfe des Lötrohrs von Dr. Martin Henglein in Freiberg. Mit 10 Figuren. Nr. 483.

Technische Wärmelehre (Thermodynamik) von K. Walther und M. Röttinger, Diplom-Ingenieuren. Mit 54 Figuren. Nr. 242.

Mechanische Technologie von Geh. Hofrat Prof. A. Lüdicke in Braunschweig. 2 Bände. Nr. 340, 341.

Die thermodynamischen Grundlagen der Wärmekraft- und Kältemaschinen von M. Röttinger. Diplom-Ingenieur in Mannheim. Mit 73 Figuren. Nr. 2.

Die Kalkulation im Maschinenbau von Ingenieur H. Bethmann, Dozent am Technikum Altenburg. Mit 61 Abbildungen. Nr. 486.

Die Geschwindigkeitsregler der Kraftmaschinen von Dr.-Ing. H. Kröner in Friedberg. Mit 33 Figuren. Nr. 604.

Die Dampfmaschinen. Kurzgefaßtes Lehrbuch mit Beispielen für das Selbststudium und den praktischen Gebrauch von Friedrich Barth, Oberingenieur in Nürnberg. 2 Bdchn. **I:** Wärmetheoretische und dampftechnische Grundlagen. Mit 64 Figuren. Nr. 8.

— — **II:** Bau und Betrieb der Dampfmaschinen. Mit 109 Fig. Nr. 572.

Die Dampfkessel. Kurzgefaßtes Lehrbuch mit Beispielen für das Selbststudium und den praktischen Gebrauch von Friedrich Barth, Obering. in Nürnberg. **I:** Kesselsysteme und Feuerungen. Mit 43 Figuren. Nr. 9.

— — **II:** Bau und Betrieb der Dampfkessel. Mit 57 Fig. Nr. 521.

Die Gaskraftmaschinen. Kurzgefaßte Darstellung der wichtigsten Gasmaschinen-Bauarten von Ingenieur Alfred Kirschke. 2 Bändchen. Mit vielen Figuren. Nr. 316 u. 651.

Wenden!

Die Dampfturbinen, ihre Wirkungsweise und Konstruktion von Ingenieur Prof. Hermann Wilda in Bremen. 3 Bändchen. Mit zahlreichen Abbildungen. Nr. 274, 715, 716.

Die Wasserturbinen von Dipl.-Ing. P. Holl in Berlin. **I:** Allgemeines. Die Freistrahlturbinen. Mit 113 Abbildungen. Nr. 541.

— — **II:** Die Überdruckturbinen. Die Wasserkraftanlagen. Mit 102 Abbildungen. Nr. 542.

Die zweckmäßigste Betriebskraft von Friedrich Barth, Oberingenieur in Nürnberg. **I:** Einleitung. Dampfkraftanlagen. Verschiedene Kraftmaschinen. Mit 27 Abbildungen. Nr. 224.

— — **II:** Gas-, Wasser- und Windkraft-Anlagen. Mit 31 Abbild. Nr. 225.

— — **III:** Elektromotoren. Betriebskostentabellen. Graphische Darstellungen. Wahl der Betriebskraft. Mit 27 Abbildungen. Nr. 474.

Eisenbahnfahrzeuge von H. Hinnenthal, Kgl. Regierungsbaumeister und Oberingenieur in Hannover. **I:** Die Lokomotiven. Mit 89 Abbildungen im Text und 2 Tafeln. Nr. 107.

— — **II:** Die Eisenbahnwagen und Bremsen. Mit 56 Abbildungen im Text und 3 Tafeln. Nr. 108.

Die Hebezeuge, ihre Konstruktion und Berechnung von Ingenieur Hermann Wilda, Prof. am staatl. Technikum in Bremen. Mit 399 Abbildungen. Nr. 414.

Pumpen, Druckwasser- und Druckluft-Anlagen. Ein kurzer Überblick von Dipl.-Ing. Rudolf Vogdt, Regierungsbaumeister a. D. in Aachen. Mit 87 Abbildungen. Nr. 290.

Die landwirtschaftlichen Maschinen von Karl Walther, Dipl.-Ingenieur in Essen. 3 Bändchen. Mit vielen Abb. Nr. 407—409.

Die Werkzeugmaschinen für Holzbearbeitung von Ing. Prof. Herm. Wilda in Bremen. Mit 125 Abbildungen. Nr. 582.

Die Werkzeugmaschinen für Metallbearbeitung von Ing. Prof. Hermann Wilda in Bremen. **I:** Die Mechanismen der Werkzeugmaschinen. Die Drehbänke. Die Fräsmaschinen. Mit 319 Abbildungen. Nr. 561.

— — **II:** Die Bohr- und Schleifmaschinen. Die Hobel-, Shaping- und Stoßmaschinen. Die Sägen und Scheren. Antrieb und Kraftbedarf. Mit 199 Abbildungen. Nr. 562.

Gießereimaschinen von Dipl.-Ing. Emil Treiber in Heidenheim a. B. Mit 51 Figuren. Nr. 548.

Die elektrisch betriebenen Fördermaschinen von Diplom-Bergingenieur A. Balthaser. Mit vielen Fig. Nr. 678.

Die Preßluftwerkzeuge von Diplom-Ingenieur P. Iltis, Oberlehrer an der Kaiserl. Technischen Schule in Straßburg. Mit 82 Figuren. Nr. 493.

Die Baumaschinen von Ingenieur Johannes Körting in Düsseldorf. Mit 130 Abbildungen. Nr. 702.

Technisches Wörterbuch, enthaltend die wichtigsten Ausdrücke des Maschinenbaues, Schiffbaues und der Elektrotechnik von Erich Krebs in Berlin. **I:** Deutsch-Englisch. Nr. 395.

— — **II:** Englisch-Deutsch. Nr. 396.

— — **III:** Deutsch-Französisch. Nr. 453.

— — **IV:** Französisch-Deutsch. Nr. 454.

Weitere Bände erscheinen in rascher Folge.

Sammlung Göschen

Die Dampfkessel

Kurzgefaßtes Lehrbuch

mit Beispielen für das Selbststudium und den praktischen Gebrauch

Von

Friedrich Barth

Oberingenieur an der Bayerischen Landesgewerbeanstalt in Nürnberg

II

Bau und Betrieb der Dampfkessel

Mit 57 Figuren

Zweite, verbesserte und vermehrte Auflage

Leipzig

G. J. Göschen'sche Verlagshandlung

1911

Druck der Spamerschen Buchdruckerei in Leipzig.

Inhaltsverzeichnis.

IV. Abschnitt. Betrieb der Kesselanlage.

V. Abschnitt. Kosten der Dampferzeugung. Seite

VI. Abschnitt.

Der I. Band behandelt die „Kesselsysteme und Feuerungen".

Einleitung.

Die Dampfkessel bestehen in der Regel aus bestem, zähem Flußeisen. Das früher ausschließlich verwendete Schweißeisen ist heute fast ganz außer Gebrauch gekommen. Kupfer kommt trotz seiner vorzüglichen Wärmeleitungsfähigkeit für Kessel nicht in Betracht, wegen seiner geringen Festigkeit und wegen seines hohen Preises. Auch Gußeisen ist für den eigentlichen Kessel ungeeignet, weil seine Festigkeit zu gering ist.

Da durch unsachgemäße Anlage und Betrieb eines Dampfkessels eine große Gefahr für die Umgebung einer solchen Anlage entstehen kann, so haben sich fast alle Kulturstaaten zur Herausgabe gesetzlicher Bestimmungen und Verordnungen, nach denen die Ausführung, Aufstellung und Bedienung der Dampfkessel zu erfolgen hat, entschlossen. Bei uns in Deutschland gelten seit dem 10. Januar 1910 die vom Bundesrat erlassenen allgemeinen polizeilichen Bestimmungen über die Anlegung von Dampfkesseln vom 17. Dezember 1908[1]). Außer diesen Bestimmungen sind noch — zum Nachteil unserer Industrie — gewisse Sonderbestimmungen der verschiedenen Bundesstaaten zu beachten[2]).

---

[1]) Da die neuen Vorschriften hinsichtlich mancher Bestimmungen als eine Belästigung der Industrie empfunden werden, so tritt schon heute das Bestreben zu Änderungen und Ergänzungen derselben zutage. Dies hat naturgemäß eine weitere Beunruhigung der Industrie zur Folge.

[2]) Es wäre im Interesse unserer Industrie zu wünschen, daß dieselbe, viel mehr als dies bisher geschehen ist, der Neigung entgegenwirkt, auf dem Gebiete des Dampfkesselwesens neue Vorschriften und ins einzelne gehende Bestimmungen aufzustellen.

Die vorstehend erwähnten Reichsvorschriften enthalten außer allgemeinen Bestimmungen noch besondere Material- und Bauvorschriften, welche „entsprechend den Bedürfnissen der Praxis und den Ergebnissen der Wissenschaft auf Antrag oder nach Anhörung einer durch Vereinbarung der verbündeten Regierungen anerkannten Sachverständigen-Kommission fortgebildet werden". Diese Vorschriften sind Umarbeitungen der Würzburger und Hamburger Normen und entsprechen im großen und ganzen den Beschlüssen der Deutschen Dampfkessel-Normenkommission, die als Sachverständigen-Kommission amtliche Anerkennung genießt[1]). Besonders bemerkenswert ist, daß nach diesen Vorschriften die Verwendung von Gußeisen sehr eingeschränkt und für höhere Dampfspannungen als 10 Atm. Überdruck überhaupt verboten ist, sowie daß auch für den Bau von Landdampfkesseln harte Flußeisenbleche, wenn auch unter gewissen Einschränkungen, zugelassen sind[2]).

Jeder neu oder erneut zu genehmigende Dampfkessel ist einer Bauprüfung und einer Wasserdruckprobe zu unterziehen[3]). Außerdem bedarf er nach § 24 der Gewerbeordnung einer gewerbepolizeilichen Genehmigung. Hierbei wird die Anlage daraufhin geprüft, ob sie den bestehenden bau-, feuer- und gesundheitspolizeilichen Vorschriften entspricht. Dem Konzessionsgesuch sind eine Beschreibung und eine Zeichnung der Dampfkessel-

[1]) Bedauerlicherweise enthält die Normenkommission zu wenige Vertreter der eigentlichen Dampfkesselindustrie. Es wird jedoch von seiten der Industrie angestrebt, hier Wandel zu schaffen. Auch wurde der berechtigte Wunsch ausgesprochen, daß der deutschen Industrie Gelegenheit gegeben werde, sich zu Vorschriften, die für Dampfkessel geplant sind, äußern zu können.

[2]) Da einzelne Paragraphen der Reichsvorschriften verschiedene Auslegung zulassen, so möge hier auf das Werk „Bestimmungen über Anlegung und Betrieb von Dampfkesseln, erläutert von H. Jäger", Karl Heymanns Verlag in Berlin, verwiesen werden.

[3]) Vgl. S. 12.

anlage, sowie ein Lageplan und ein Bauriß, je in dreifacher Ausfertigung, sämtliche mit Datum und Unterschrift versehen, beizufügen. Ist die Anlage genehmigt und in Betrieb genommen, so hat der Besitzer die Verpflichtung, dieselbe in gewissen Zeitabschnitten einer inneren und äußeren Revision unterziehen zu lassen.

I. Abschnitt.

Auszug aus den allgemeinen polizeilichen Bestimmungen über die Anlegung von Landdampfkesseln[1]).

Geltungsbereich. Als Dampfkessel im Sinne der nachfolgenden Bestimmungen gelten alle geschlossenen Gefäße, die den Zweck haben, Wasserdampf von höherer als der atmosphärischen Spannung zur Verwendung außerhalb des Dampfentwicklers zu erzeugen. Den Bestimmungen für Landdampfkessel werden nicht unterworfen Dampfüberhitzer, Zwergkessel und solche Kessel, die mit einer Einrichtung versehen sind, welche verhindert, daß die Dampfspannung $^1/_2$ Atmosphäre Überdruck übersteigen kann (Niederdruckkessel). Für die Kessel in Eisenbahnlokomotiven bleiben die auf Grund der Artikel 42 und 43 der Reichsverfassung erlassenen besonderen Bestimmungen in Kraft.

Kesselwandungen. Jeder Dampfkessel muß in bezug auf Baustoff, Ausführung und Ausrüstung den anerkannten Regeln der Wissenschaft und Technik entsprechen. Als solche Regeln gelten bis auf weiteres die in den nachfolgenden Material- und Bauvorschriften zusammengestellten Grundsätze, welche entsprechend den Bedürfnissen der Praxis und den Ergebnissen der Wissenschaft auf Antrag oder nach Anhörung einer durch Vereinbarung der verbündeten Regierungen anerkannten Sachverständigenkommission fortgebildet werden.

Die von den Heizgasen berührten Teile der Dampfkesselwandungen dürfen nicht aus Gußeisen oder Temperguß her-

---

[1]) Die Originalbestimmungen sind im Reichsgesetzblatt Nr. 2 vom 9. Januar 1909 enthalten. Ein Abdruck derselben ist zu beziehen von Karl Heymanns Verlag, Berlin.

gestellt werden; andere nur, sofern ihre lichten Querschnitte kreisförmig sind und ihre lichte Weite 250 mm nicht übersteigt. Für höhere Dampfspannungen als 10 At. Üb. ist Gußeisen oder Temperguß in keinem Teile der Kesselwandungen gestattet. Formflußeisen darf für alle nicht im ersten Feuerzuge liegenden Teile der Wandungen benutzt werden. Auf Gehäusewandungen von Dampfzylindern, die mit dem Dampfkessel verbunden sind, finden die vorstehenden Bestimmungen keine Anwendung.

Feuerzüge. Die Feuerzüge der Dampfkessel müssen an ihrer höchsten Stelle mindestens 100 mm unter dem festgesetzten niedrigsten Wasserstande liegen. Bei Dampfkesseln, deren Wasseroberfläche kleiner als das 1,3fache der gesamten Rostfläche ist, muß dieser Abstand mindestens 150 mm betragen. Bei Innenzügen ist der Mindestabstand über den von den Heizgasen berührten Blechen zu messen.

Die Bestimmungen über die Höhenlage der Feuerzüge finden keine Anwendung auf Dampfkessel, deren von den Heizgasen berührte Wandungen ausschließlich aus Wasserrohren von weniger als 100 mm Lichtweite oder aus derartigen Rohren und den zu ihrer Verbindung angewendeten Rohrstücken bestehen, sowie auf solche Feuerzüge, in welchen ein Erglühen des mit dem Dampfraum in Berührung stehenden Teiles der Wandungen nicht zu befürchten ist. Die Gefahr des Erglühens ist in der Regel als ausgeschlossen zu betrachten, wenn die vom Wasser bespülte Kesselfläche, welche von den Heizgasen vor Erreichung der vom Dampfe bespülten Kesselfläche bestrichen wird, bei natürlichem Luftzuge mindestens 20 mal, bei künstlichem Luftzuge mindestens 40 mal so groß ist als die gesamte Rostfläche. Bei Dampfkesseln ohne Rost ist der vierfache Betrag des Querschnitts des ersten Feuerzugs, unter Ausschluß des verengten Querschnitts über der Feuerbrücke, als der Rostfläche gleichstehend zu erachten.

Speisevorrichtungen. Jeder Dampfkessel muß mit mindestens zwei zuverlässigen Vorrichtungen zur Speisung versehen sein, die nicht von derselben Betriebsvorrichtung abhängig sind. Mehrere zu einem Betriebe vereinigte Dampfkessel werden hierbei als ein Kessel angesehen.

Jede der Speisevorrichtungen muß imstande sein, dem Kessel doppelt so viel Wasser zuzuführen, als seiner normalen

Verdampfungsfähigkeit entspricht. Bei Pumpen, die unmittelbar von der Hauptbetriebsmaschine angetrieben werden (Maschinenspeisepumpen), genügt das $1^1/_2$fache der normalen Verdampfungsfähigkeit. Zwei oder mehrere Speisevorrichtungen, die zusammen die geforderte Leistung ergeben, sind als eine Speisevorrichtung anzusehen. Maschinenspeisepumpen werden, wenn die Kessel beim Stillstande der Maschine auch noch anderen Zwecken dienen, nur dann als zweite Speisevorrichtung angesehen, wenn es dem regelmäßigen Betrieb entspricht, daß die Maschinen zum Speisen in Gang gesetzt werden.

Handpumpen sind nur zulässig, wenn das Produkt aus der Heizfläche in Quadratmeter und der Dampfspannung in Atmosphären-Überdruck die Zahl 120 nicht übersteigt.

Die unmittelbare Benutzung einer Wasserleitung an Stelle einer der Speisevorrichtungen ist zulässig, wenn der nutzbare Druck der Wasserleitung am Kessel jederzeit mindestens zwei Atmosphären höher als der genehmigte Dampfdruck im Kessel ist.

Speiseventile und Speiseleitungen. In jeder zum Dampfkessel führenden Speiseleitung muß möglichst nahe am Kesselkörper ein Speiseventil (Rückschlagventil) angebracht sein. Die Speiseleitung muß möglichst so beschaffen sein, daß sich der Dampfkessel bei undichtem Rückschlagventil nicht durch die Speiseleitung entleeren kann.

Absperr- und Entleerungsvorrichtungen. Jeder Dampfkessel muß mit einer Vorrichtung versehen sein, durch die er von der Dampfleitung abgesperrt werden kann. Jeder Dampfkessel muß zwischen Speiseventil und Kesselkörper eine Absperrvorrichtung erhalten, auch wenn das Speiseventil abschließbar ist. Weiterhin muß er mit einer zuverlässigen Vorrichtung zum Entleeren versehen sein.

Wasserstandsvorrichtungen. Jeder Dampfkessel muß mit mindestens zwei geeigneten Vorrichtungen zur Erkennung seines Wasserstandes versehen sein, von denen wenigstens die eine ein Wasserstandsglas sein muß. Schwimmer und Schmelzpfropfen sowie Spindelventile, die nicht durchstoßbar sind oder sich ganz herausdrehen lassen, sind als zweite Vorrichtung nicht zulässig. Die Vorrichtungen müssen gesonderte Verbindungen mit dem Innern des Kessels haben. Es ist jedoch gestattet, sie an einem gemeinschaftlichen Körper anzubringen, oder, falls zwei Wasserstandsgläser gesondert voneinander durch Rohre mit dem Kessel verbunden werden, die Dampfrohre durch eine gemeinsame Öffnung in den Kessel zu führen, wenn die Öffnung mindestens dem Gesamtquerschnitte beider Rohre gleich ist. Werden Probierhähne oder Probierventile als zweite Vorrichtung angewendet, so ist die unterste dieser Vorrichtungen in der Ebene des festgesetzten niedrigsten Wasserstandes anzubringen.

Wasserstandsmarke. Der für den Dampfkessel festgesetzte niedrigste Wasserstand ist durch eine an der Kesselwandung anzubringende feste Strichmarke von etwa 30 mm Länge, die von den Buchstaben N. W. begrenzt wird, dauernd kenntlich zu machen.

Sicherheitsventil. Jeder feststehende Kessel ist mit wenigstens einem zuverlässigen Sicherheitsventil, jeder bewegliche mit mindestens zwei solchen Ventilen zu versehen. Die Sicherheitsventile müssen zugänglich und so beschaffen sein, daß sie jederzeit gelüftet und auf ihrem Sitz gedreht werden können. Bei Ventilen, die durch Hebel und Gewicht belastet werden, darf der auf jedes Ventil ausgeübte Dampfdruck 600 kg nicht überschreiten. Die Sicherheitsventile dürfen höchstens so belastet werden, daß sie bei Eintritt der für den Kessel festgesetzten Dampfspannung den Dampf entweichen lassen. Ihr Querschnitt muß bei normalem Betrieb imstande sein, so viel Dampf abzuführen, daß die festgesetzte Dampfspannung höchstens um $^1/_{10}$ ihres Betrags überschritten wird.

Fabrikschild. An jedem Dampfkessel muß die festgesetzte höchste Dampfspannung, der Name und Wohnort des Fabrikanten, die laufende Fabriknummer und das Jahr der Anfertigung auf eine leicht erkennbare und dauerhafte Weise angegeben sein.

Prüfung. Jeder neu oder erneut zu genehmigende Dampfkessel ist vor der Inbetriebnahme von einem zuständigen Sachverständigen einer Bauprüfung, einer Prüfung mit Wasserdruck und der nach § 24 Abs. 3 der Gewerbeordnung vorgeschriebenen Abnahmeprüfung zu unterziehen. Die Bauprüfung und Druckprobe müssen vor der Einmauerung oder Ummantelung des Kessels ausgeführt werden; sie sind möglichst miteinander zu verbinden. Die Bauprüfung kann jedoch auf Antrag des Fabrikanten auch während der Herstellung des Dampfkessels vorgenommen werden. Bei neu zu genehmigenden Dampfkesseln kann, wenn seit der letzten inneren Untersuchung noch nicht zwei Jahre verflossen sind, nach dem Ermessen des Sachverständigen von der Durchführung dieser Bestimmungen insoweit abgesehen werden, als eine erneute Prüfung für die Erneuerung der Genehmigung nicht erforderlich ist.

Die Wasserdruckprobe erfolgt bei Dampfkesseln bis zu 10 Atmosphären Überdruck mit dem $1^1/_2$fachen Betrage des beabsichtigten Überdrucks, mindestens aber mit 1 Atmosphäre Mehrdruck, bei Dampfkesseln über 10 Atmosphären Überdruck mit einem Drucke, der den beabsichtigten um 5 Atmosphären übersteigt. Nachdem die Bauprüfung und die Wasserdruckprobe mit befriedigendem Erfolge stattgefunden haben, sind die Niete des Fabrikschildes von dem zuständigen Sachverständigen mit dem amtlichen Stempel zu versehen. Die endgültige Abnahme der Dampfkesselanlage muß unter Dampf erfolgen.

Druckproben nach Hauptausbesserungen. Dampfkessel, die eine Hauptausbesserung erfahren haben, oder durch Wassermangel oder Brandschaden überhitzt worden sind, müssen vor der Wiederinbetriebnahme von einem zuständigen Sachverständigen einer Prüfung mit Wasserdruck in gleicher Höhe wie bei neu aufzustellenden Dampfkesseln unterzogen werden.

Aufstellungsort. Dampfkessel für mehr als 6 Atmosphären Überdruck und solche, bei welchen das Produkt aus der Heizfläche in Quadratmeter und der Dampfspannung in Atmosphären Überdruck für einen oder mehrere gleichzeitig im Betriebe befindliche Kessel zusammen mehr als 30 beträgt, dürfen unter Räumen, die häufig von Menschen betreten werden, nicht aufgestellt werden. Das gleiche gilt für die Aufstellung von Dampfkesseln über Räumen, die häufig von Menschen betreten werden, mit Ausnahme der Aufstellung über Kellerräumen. Innerhalb von Betriebsstätten und in besonderen Kesselräumen ist die Aufstellung solcher Dampfkessel unzulässig, wenn die Räume mit fester Wölbung oder fester Balkendecke versehen sind. Feste Konstruktionsteile über einem Teile des Kesselraums, die den Zwecken der Rostbeschickung dienen, sind nicht als feste Balkendecken anzusehen. Trockeneinrichtungen oberhalb des Dampfkessels sowie das Trocknen auf dem Kessel sind nicht zulässig. Bei eingemauerten Dampfkesseln, deren Plattform betreten wird, muß oberhalb derselben eine mittlere verkehrsfreie Höhe von mindestens 1800 mm vorhanden sein.

Dampfkessel, die in Bergwerken unterirdisch oder auf Kraftfahrzeugen aufgestellt werden, und solche, welche ausschließlich aus Wasserrohren von weniger als 100 mm Lichtweite oder aus derartigen Rohren und den zu ihrer Verbindung angewendeten Rohrstücken bestehen[1]), unterliegen den vorstehenden Bestimmungen nicht.

Kesselmauerung. Zwischen dem Mauerwerke, das den Feuerraum und die Feuerzüge feststehender Dampfkessel einschließt und den dieses umgebenden Wänden muß ein Zwischenraum von mindestens 80 mm verbleiben, der oben abgedeckt und an den Enden verschlossen werden darf. Die Feuerzüge müssen durch genügend weite Einfahröffnungen zugänglich und in der Regel so groß bemessen sein, daß sie befahrbar sind. Werden die Feuerzüge benachbarter Kessel durch eine gemeinsame Mauer getrennt, so ist diese mindestens 340 mm dick herzustellen. Das Kesselmauerwerk darf nicht zur Unterstützung von Gebäudeteilen benutzt werden.

Kesselpapiere. Zu jedem Dampfkessel gehören eine Genehmigungsurkunde sowie ein Revisionsbuch, welche beide an der Betriebsstätte des Dampfkessels aufzubewahren und jedem zur Aufsicht zuständigen Beamten oder Sachverständigen auf Verlangen vorzulegen sind.

Auszug aus den Materialvorschriften für Landdampfkessel[2]).

Da Schweißeisen im Kesselbau fast nicht mehr angewendet wird, so beziehen sich die nachfolgenden Angaben nur auf Flußeisen.

Prüfungen. Alles zum Bau von Landdampfkesseln bestimmte Material muß zuverlässig und von guter Beschaffenheit sein und muß den nachstehenden Anforderungen entsprechen. Für Flußeisenbleche, deren Widerstandsfähigkeit

[1]) Derartige Kessel werden auch als Sicherheitskessel bezeichnet.

[2]) Diese Vorschriften sind aus den Würzburger Normen des Internationalen Verbandes der Dampfkessel-Überwachungsvereine hervorgegangen. Vgl. auch die Fußbemerkung S. 17.

mit mehr als 36 kg/qmm in die Rechnung eingestellt werden soll, sowie für Bleche aus Birnenmaterial ist der Nachweis zu erbringen, daß sie durch Sachverständige nach Maßgabe der nachfolgenden Bestimmungen geprüft sind. Dasselbe gilt für alle übrigen Materialien, bei denen eine höhere Zugfestigkeit als 41 kg/qmm zugelassen ist. Für Flußeisenbleche von 34—41 kg/qmm Festigkeit, die im ersten Feuerzuge liegen, mit Ausnahme von Wellrohren und ähnlichen Feuerrohren, ist durch Werksbescheinigungen der Nachweis zu führen, daß jedes Blech geprüft ist. Für alle anderen Bleche von 34—41 kg/qmm Festigkeit genügen zum Nachweis ihrer zuverlässigen Beschaffenheit Werksbescheinigungen auf Grund von Chargenproben und anderen von dem Werke zum Nachweise der Güte ausgeführten Prüfungen, soweit nicht in Einzelfällen vom Besteller für solche Bleche und andere zum Kessel verwendete Materialien — wie Winkeleisen, Nieteisen, Niete, Anker und Stehbolzen, Wasserrohre — eine Prüfung durch Sachverständige im Umfang der nachfolgenden Bestimmungen vorgeschrieben wird.

Abnahme der Materialien. Sämtliche Materialstücke sind bei der Besichtigung abzustempeln, und zwar mit dem Stempel des abnehmenden Beamten und einer Nummer. Bei Blechen sind zwei Stempel, etwa 400 mm von den Kanten entfernt, aufzuschlagen. Bei allen übrigen Materialien genügt ein Stempel, welcher nahe einem Ende anzubringen ist. Das Stempelzeichen ist in dem Prüfungsschein abzudrucken. Die Probestreifen sind an den Rändern oder Enden zu entnehmen. Entspricht das Prüfungsergebnis den vorgeschriebenen Bedingungen nicht, so ist auf Verlangen des Werkes eine zweite Prüfung vorzunehmen, deren Ergebnis maßgebend sein soll.

Bleche. In Betracht kommen Zugproben, Hartbiegeproben sowie Schmiede- und Lochproben. Die Zugfestigkeit des Flußeisens darf nicht unter 34 und in der Regel nicht über 51 kg/qmm betragen. In bezug auf die Mindestdehnung aller Bleche ist folgende Zahlentafel maßgebend:

Festigkeit in kg/qmm . . .	51—46	45	44	43	42	41—37	36	35	34
Geringste Dehnung in Proz.	20	21	22	23	24	25	26	27	28

Bis auf weiteres kommen 3 Blechsorten zur Anwendung und zwar:

Blechsorte I	mit	34—41 kg/qmm	(Berechnungsfestigkeit	36 kg/qmm),
„ II	„	40—47 „	„	40 „
„ III	„	44—51 „	„	44 „

Für diejenigen Teile des Kessels, welche gebördelt werden oder im ersten Feuerzuge liegen, dürfen nur Bleche der Sorte I verwendet werden. Für Teile, die nicht gebördelt werden oder nicht im ersten Feuerzuge liegen, können Bleche der Sorte II oder III verwendet werden.

Nieteisen. In Betracht kommen Zugproben, Biegeproben, Stauch- und Lochproben sowie Hartbiegeproben. Die Zugfestigkeit muß mindestens 34—41 kg/qmm bei einer Dehnung von mindestens 25% und einer Gütezahl von mindestens 62 betragen. Soweit Bleche von höherer Zugfestigkeit als 41 kg/qmm verwendet werden, darf das Nietmaterial entsprechend bis zu 47 kg/qmm Zugfestigkeit haben, wenn die Dehnung mindestens die gleiche wie in der Zahlentafel für Bleche ist. Für solches Nieteisen sind Prüfungsbescheinigungen beizubringen.

Anker und Stehbolzen. In Betracht kommen Zug- und Hartbiegeproben. Die Zugfestigkeit soll 34—41 kg/qmm bei einer Dehnung von mindestens 25% und einer Gütezahl von mindestens 62 betragen. Ausnahmsweise ist ein Material bis zu 47 kg/qmm Festigkeit zulässig, wenn die Dehnung mindestens die gleiche wie in der Zahlentafel für Bleche ist. Für solches Material sind Prüfungsbescheinigungen beizubringen.

Wasserrohre. In Betracht kommen die Aufweit-, Bördel-, Hartbiege- und Wasserdruckprobe. Diesen Prüfungen unterliegen Wasserrohre unter 6 mm Wanddicke; solche von 6 mm Wanddicke und darüber werden nur der Wasserdruckprobe unterzogen. Heizrohre bedürfen der Prüfung nicht.

Die Rohre sollen innen und außen kalibriert, ohne Zunder, Narben, Risse und andere für den Betrieb schädliche Fehler, sowie glatt und rechtwinklig abgeschnitten sein. Die Wand dicke der Wasserrohre soll

1. bei geschweißten Rohren:

	bis	83	mm	äußeren	Durchm.	mindestens	3,00	mm,
über 83	„	102	„	„	„	„	3,25	„
„ 102	„	121	„	„	„	„	3,75	„
„ 121	„	140	„	„	„	„	4,00	„
„ 140	„	191	„	„	„	„	4,50	„
„ 191	„	216	„	„	„	„	5,50	„ ;

2. bei nahtlosen Rohren:

	bis	30	mm	äußeren	Durchm.	mindestens	1,80	mm,
über	30	„	50	„	„	„	„	2,00	„
„	50	„	57	„	„	„	„	2,50	„
„	57	„	60	„	„	„	„	2,75	„
„	60	„	83	„	„	„	„	3,00	„
„	83	„	102	„	„	„	„	3,25	„
„	102	„	121	„	„	„	„	3,75	„
„	121	„	140	„	„	„	„	4,00	„
„	140	„	191	„	„	„	„	4,50	„
„	191	„	216	„	„	„	„	5,50	„

betragen.

Die vorgeschriebene Wanddicke soll an keiner Stelle um mehr als 20% unterschritten werden.

Die Rohre sollen einem Wasserdruck von der dreifachen Höhe des Betriebsüberdrucks, mindestens aber von 30 Atmosphären Überdruck widerstehen, ohne eine Formänderung oder Undichtigkeit zu zeigen. Die Rohre sind, während sie unter dem Probedruck stehen, abzuhämmern, namentlich auch an der Schweißnaht.

Bauvorschriften für Landdampfkessel[1]).

I. Material.

1. Für die Anforderungen an das zum Baue von Dampfkesseln zur Verwendung kommende Schweiß- und Flußeisen sind die Materialvorschriften für Landdampfkessel maßgebend.

2. Für Kupfer kann, wenn größere Festigkeit nicht nachgewiesen wird, eine Zugfestigkeit von 22 kg/qmm bei Temperaturen bis 120° C angenommen werden. Im Falle höherer Temperatur ist die Zugfestigkeit für je 20° C um 1 kg/qmm niedriger zu wählen.

3. Gegenüber überhitztem Wasserdampf von 250° C und mehr ist die Verwendung von Kupfer zu vermeiden.

4. Für kupferne Dampfrohrleitungen ist innerhalb der bezeichneten Grenze eine Materialbeanspruchung von höchstens $^1/_{10}$ der Zugfestigkeit zulässig.

5. Die Scherfestigkeit des Schweißeisens, Flußeisens und des Kupfers kann zu 0,8 der Zugfestigkeit angenommen werden.

[1]) Diese Vorschriften sind aus den Hamburger Normen des Internationalen Verbandes der Dampfkessel-Überwachungsvereine hervorgegangen.

II. Vernietung, Schweißung und Bearbeitung im Feuer.

1. Die Nietnähte sollen stets so ausgeführt werden, daß der erforderliche Widerstand gegen Gleiten vorhanden ist und daß die Widerstandsfähigkeit der Niete gegen Abscheren sich nicht geringer ergibt als die in Rechnung zu ziehende Festigkeit des Bleches in der Nietnaht. Hierbei darf die Belastung eines Nietes durch die Scherkraft auf 1 qmm Nietquerschnitt höchstens 7 kg/qmm betragen, sofern keine höhere Zugfestigkeit des Nietmaterials als 38 kg/qmm nachgewiesen wird. Trifft diese Voraussetzung zu, so kann der für eine Belastung mit 7 kg/qmm berechnete Nietdurchmesser mit der Wurzel aus dem Quotienten, der sich aus der Zahl 38 und der nachgewiesenen Festigkeit ergibt, multipliziert werden.

2. Bei Laschennietung sollen die Laschen aus Blechen von mindestens gleicher Güte wie die Mantelbleche geschnitten werden.

3. Die Festigkeit gut und mittels Überlappung geschweißter Nähte kann zu 0,7 der Festigkeit des vollen Bleches in Rechnung gesetzt werden.

4. Empfehlenswert ist es, solche Nähte, welche auf Biegung oder Zug beansprucht werden, nicht zu schweißen und keine Schweißnaht herzustellen, wenn das geschweißte Stück nicht nachträglich ausgeglüht werden kann.

5. In besonderen Fällen kann bei geschweißten Längsnähten in Kesselmänteln verlangt werden, daß Sicherheitslaschen angebracht werden.

6. Jedes geschweißte Stück ist, wenn irgend möglich, gut auszuglühen.

7. Bleche, die im Feuer bearbeitet worden sind, müssen nach vollendeter Formgebung, soweit dies möglich ist, sachgemäß ausgeglüht werden. Dies gilt besonders für solche Bleche, welche wiederholt einer stellenweisen Erhitzung ausgesetzt worden sind.

III. Berechnung der Blechdicken zylindrischer Dampfkesselwandungen mit innerem Überdruck.

1. Bezeichnet

s die Blechdicke in Millimetern,

D den größten inneren Durchmesser des Kesselmantels in Millimetern,

p den größten Betriebsüberdruck in Atmosphären,
K die Zugfestigkeit des zu dem Mantel verwendeten Bleches,
x einen Zahlenwert,
z das Verhältnis der Mindestfestigkeit der Längsnaht zur Zugfestigkeit des vollen Bleches,
dann ist

$$(1) \qquad s = D \frac{p\,x}{200\,K\,z} + 1 \quad \text{oder} \quad p \frac{200\,K\,z\,(s-1)}{D\,x}.$$

Hierin sind zu wählen:
$K = 33$ kg/qmm bei Schweißeisen,
$K = 36$ kg/qmm bei Flußeisen von 34—41 kg/qmm Zugfestigkeit,
$K = 40$ kg/qmm bei Flußeisen von 40—47 kg/qmm Zugfestigkeit,
$K = 44$ kg/qmm bei Flußeisen von 44—51 kg/qmm Zugfestigkeit,
$x = 4{,}75$ bei überlappten oder einseitig gelaschten, handgenieteten Nähten,
$x = 4{,}5$ bei überlappten oder einseitig gelaschten, maschinengenieteten Nähten und bei geschweißten Nähten (unter Beachtung von Ziffer II, Nummer 3—6),
$x = 4{,}35$ bei zweireihigen, doppeltgelaschten, handgenieteten Nähten, deren eine Lasche nur einreihig genietet ist,
$x = 4{,}25$ bei doppeltgelaschten, handgenieteten Nähten,
$x = 4{,}1$ bei zweireihigen, doppeltgelaschten, maschinengenieteten Nähten, deren eine Lasche nur einreihig genietet ist,
$x = 4$ bei doppeltgelaschten, maschinengenieteten Nähten.

2. Die Werte $x = 4{,}25$ und $x = 4$ können auch dann in die Rechnung eingeführt werden, wenn bei drei- und mehrreihigen Doppellaschennietungen die eine Lasche eine Nietreihe weniger besitzt als die anderen.

3. Die Blechdicke soll nicht geringer als 7 mm genommen werden; nur bei kleinen Kesseln (z. B. für Feuerspritzen oder Kraftfahrzeuge) sind allenfalls dünnere Bleche zulässig.

4. Bleche, bei denen eine höhere Zugfestigkeit als 36 kg/qmm in Anspruch genommen werden soll, dürfen zu Mantelteilen nur verwendet werden, wenn die Verarbeitung kalt oder rotwarm stattfindet, wenn ihre Verbindung in den Längsnähten durch Doppellaschennietung erfolgt und die Nietung maschinell hergestellt wird.

5. Unterschreitungen der Wanddicken, die innerhalb der in den Materialvorschriften für Landkessel bezeichneten zulässigen Grenzen bleiben, werden bei der Berechnung nicht berücksichtigt.

6. Die Zugbeanspruchung des Bleches darf unter Annahme gleichmäßiger Spannungsverteilung über den Querschnitt in keiner Nietreihe die Grenze $\frac{K}{x}$ überschreiten.

7. Hinsichtlich der zulässigen Nietbeanspruchung vgl. Ziffer II.

8. Bei Berechnung der Wanddicke nahtlos gewalzter Mantelschüsse kann $z = 1$ gesetzt werden, sofern keine Schwächung der Wandung vorhanden ist.

9. Es empfiehlt sich, die Nietlöcher zu bohren. Die Nietlöcher in Blechen über 41 kg/qmm Zugfestigkeit und in solchen über 27 mm Dicke müssen gebohrt werden, derart, daß das Bohren der Löcher an den zum Kessel zusammengesetzten Blechen vorgenommen wird. Werden die Nietlöcher schwächerer Bleche gelocht, so ist zu den vorstehenden Werten von x ein Zuschlag von 0,25 erforderlich. Bei gelochten und mindestens um ein Viertel des Durchmessers der Nietlöcher aufgebohrten Löchern kann dieser Zuschlag auf 0,1 ermäßigt werden.

IV. Berechnung der Blechdicken von Dampfkessel-Flammrohren mit äußerem Überdruck.

Glatte und versteifte Rohre.

1. Bezeichnet

s die Blechdicke in Millimetern,

d den inneren Durchmesser zylindrischer Flammrohre, bei konischen Flammrohren den mittleren inneren Durchmesser in Millimetern,

p den größten Betriebsüberdruck in Atmosphären,

a einen Zahlenwert,

l die Länge des Flammrohres in Millimetern, zutreffendenfalls die größte Entfernung der wirksamen Versteifungen voneinander,

dann ist

$$(2) \qquad s = \frac{p \cdot d}{2400}\left(1 + \sqrt{1 + \frac{a\,l}{p\,(l + d)}}\right) + 2 \text{ mm}.$$

so ist es rätlich, für l die volle Länge einzusetzen, also von einer rechnungsmäßigen Berücksichtigung der versteifenden Wirkung der Querrohre abzusehen.

Wellrohre und gerippte Rohre nach Fig. 8 bis 11.

1. Bezeichnet
s die Blechdicke in Millimetern,
d den kleinsten inneren Flammrohrdurchmesser in Millimetern,
p den größten Betriebsüberdruck in Atmosphären,
dann ist

Fig. 8—11. Verschiedene Formen von Wellrohren.

$$s = \frac{p \cdot d}{1200} + 2 \,. \tag{3}$$

2. Die Blechdicke soll nicht geringer als 7 mm genommen werden; nur bei kleinen Kesseln (z. B. für Feuerspritzen oder Kraftfahrzeuge) sind allenfalls dünnere Bleche zulässig.

V. Berechnung der Blechdicken ebener Wandungen.

Ebene Platten.

1. Bezeichnet
s die Blechdicke in Millimetern,
p den größten Betriebsüberdruck in Atmosphären,
a den Abstand der Stehbolzen oder Anker innerhalb einer Reihe voneinander in Millimetern,
b den Abstand der Stehbolzen oder Ankerreihen voneinander in Millimetern,
c einen Zahlenwert,
dann ist

$$s = c \cdot \sqrt{p\,(a^2 + b^2)} \,. \tag{4}$$

Hierin sind zu wählen:
$c = 0{,}017$ bei Platten, in welche die Stehbolzen oder Anker eingeschraubt und vernietet sind, und welche von den Heizgasen und vom Wasser berührt werden,
$c = 0{,}015$, wenn solche Platten nicht von den Heizgasen berührt werden,

c = 0,0155 bei Platten, in welche die Stehbolzen oder Anker eingeschraubt und außen mit Muttern oder gedrehten Köpfen versehen sind, und welche von den Heizgasen und vom Wasser berührt werden,

c = 0,0135, wenn solche Platten nicht von den Heizgasen berührt werden,

c = 0,014 bei Platten, welche durch Ankerröhren versteift sind.

2. Bei Platten, deren Anker mit Muttern und Verstärkungsscheiben versehen sind, ist in der Gleichung 4

c = 0,013, sofern der Durchmesser der äußeren Verstärkungsscheibe $^2/_5$ der Ankerentfernung und die Scheibendicke $^2/_3$ der Plattendicke,

c = 0,012, sofern der Durchmesser der äußeren Verstärkungsscheibe $^3/_5$ der Ankerentfernung und die Scheibendicke $^5/_6$ der Plattendicke,

c = 0,011, sofern der Durchmesser der äußeren Verstärkungsscheibe $^4/_5$ der Ankerentfernung, auch diese mit der Platte vernietet und die Scheibendicke gleich der Plattendicke ist

und die Platten nicht vom Feuer berührt sind. Werden sie dagegen auf der einen Seite von den Heizgasen, auf der anderen Seite vom Dampf berührt, dann sind sie, falls sie nicht durch Flammbleche geschützt werden, um $^1/_{10}$ stärker zu nehmen, als die Rechnung ergibt.

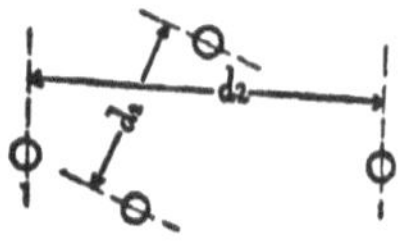

Fig. 12.

3. Bei unregelmäßig verteilten Verankerungen (wie in Fig. 12) ist

$$s = c \cdot \tfrac{1}{2}(d_1 + d_2)\sqrt{p}\,. \tag{5}$$

Der Wert von c ist je nach der Art der Verankerung aus Nummer 1 oder 2 zu entnehmen.

4. Für Verstärkungen nicht dem ersten Feuer ausgesetzter ebener Platten durch Doppelungsplatten können $12^1/_2$% von den für die ebenen Platten sich ergebenden Blechdicken in Abzug gebracht werden, wenn die Dicke der Doppelungsplatten mindestens $^2/_3$ der berechneten Blechdicke beträgt und die Doppelungen gut mit den Platten vernietet sind.

Hierin sind zu wählen:

$a =$ 100 für Rohre mit überlappter Längsnaht bei liegenden Flammrohren,

$a =$ 80 für Rohre mit gelaschter oder geschweißter Längsnaht bei liegenden Flammrohren,

$a =$ 70 für Rohre mit überlappter Längsnaht bei stehenden Flammrohren,

$a =$ 50 für Rohre mit gelaschter oder geschweißter Längsnaht bei stehenden Flammrohren.

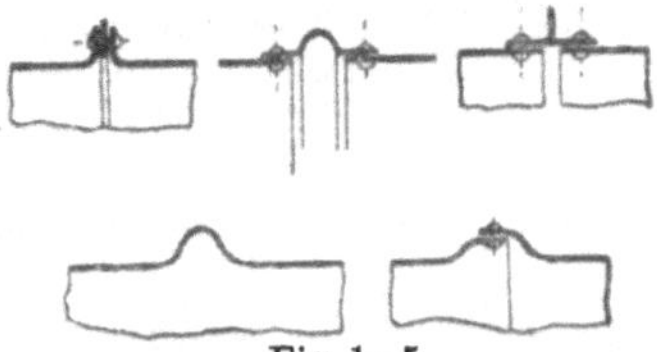

Fig. 1—5.

Als wirksame Versteifungen gelten neben den Stirnplatten und den Rohrwänden vorzugsweise die Konstruktionen Fig. 1—5; die letztere jedoch nur unter der Voraussetzung, daß die Abkröpfung nicht weniger als etwa 50 mm beträgt.

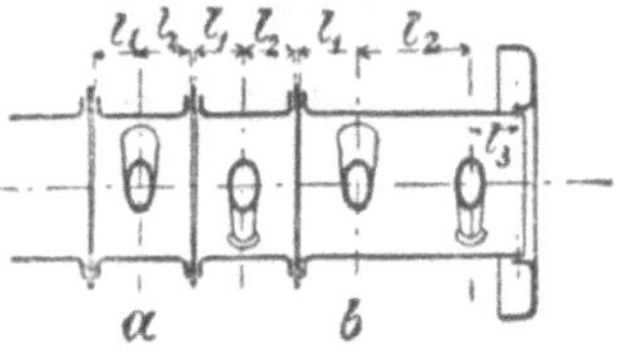

Fig. 6.

2. Die Länge l derjenigen Rohrstrecken, welche von Quersiedern durchdrungen werden, kann man wie folgt annehmen:

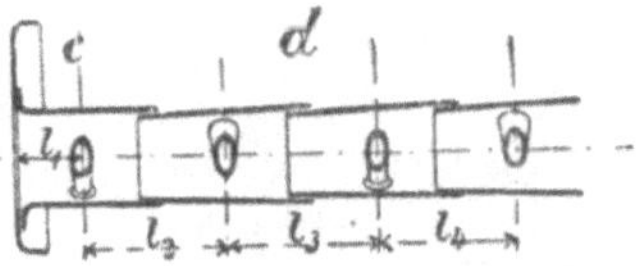

Fig. 7.

bei der Rohrstrecke a (Fig. 6)

$l = l_1 + 0{,}5\, l_2$, sofern l_1 die größere Strecke,

bei der Rohrstrecke b (Fig. 6)

$l = l_1 + l_2$, sofern l_1 größer als l_3, andernfalls tritt l_3 an die Stelle von l_1,

bei der Rohrstrecke c (Fig. 7)

$l = l_1 + l_2$,

bei der Rohrstrecke d (Fig. 7)

$l = l_2 + l_3$ bzw. $l = l_3 + l_4$.

3. Sind mit Rücksicht auf die Größe, die Befestigungsweise, den Durchdringungsort des Querrohrs usw. Zweifel vorhanden, ob es in ausreichendem Maße versteifend einwirkt,

5. Rechteckige Platten, die am Umfang befestigt sind, erhalten die Wanddicke

$$s = 0{,}053\, b \sqrt{\frac{p}{k_z \left[1 + \left(\frac{b}{a}\right)^2\right]}}, \qquad (6)$$

worin
s die Wanddicke in Millimetern,
a die größere Rechteckseite in Millimetern,
b die kleinere Rechteckseite in Millimetern,
p den größten Betriebsüberdruck in Atmosphären,
k_z die zulässige Zugbeanspruchung des Materials in kg/qmm,

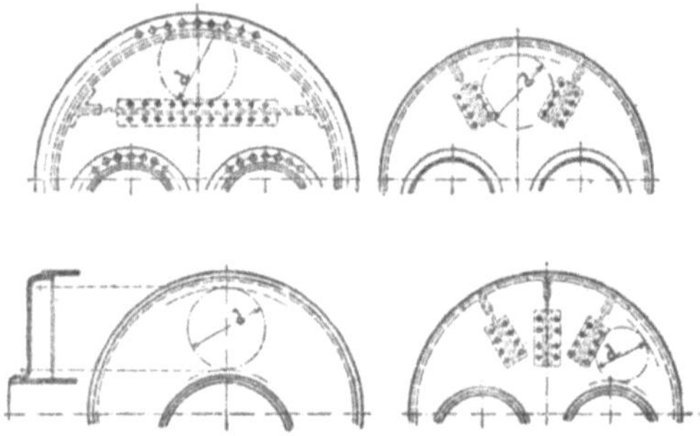

Fig. 13—16.

wofür bis $^1/_4$ der rechnungsmäßigen Zugfestigkeit eingeführt werden kann,
bedeuten.

6. Bei Platten, die nicht durch Stehbolzen oder Längsanker, sondern durch Eckanker oder in anderer Weise ausreichend unterstützt werden, ist die Wanddicke nach

$$s = 0{,}017\, d \sqrt{p} \qquad (7)$$

zu bemessen, sofern nicht nachgewiesen wird, daß eine geringere Wanddicke zulässig ist.

Hierin bedeuten:
s die Wanddicke in Millimetern,
p den größten Betriebsüberdruck in Atmosphären,

d den Durchmesser des größten Kreises in Millimetern, der nach Maßgabe der Fig. 13—16 auf der ebenen Platte, durch die Befestigungsstellen gehend, beschrieben werden kann.

Werden keine Angaben über das Maß des Krempungshalbmessers der Stirnplatten gemacht, so ist dieses zu 50 mm anzunehmen.

7. Vorstehende Ausführungen gelten nur für flußeiserne Wandungen.

Durch Stehbolzen oder Anker unterstützte Kupferplatten erhalten die folgenden Wanddicken, und zwar bei regelmäßig verteilten Verankerungen:

$$s = 5{,}83\, c \sqrt{\frac{p}{K}(a^2 + b^2)}\,, \tag{8}$$

bei unregelmäßig verteilten Verankerungen (wie in Fig. 12):

$$s = 5{,}83\, c\, \tfrac{1}{2}\,(d_1 + d_2)\sqrt{\frac{p}{K}}\,. \tag{9}$$

Die Werte von K (Zugfestigkeit des Kupfers) sind aus Ziffer I, von c je nach der Art der Verankerung aus den vorstehenden Nummern 1 oder 2 zu entnehmen.

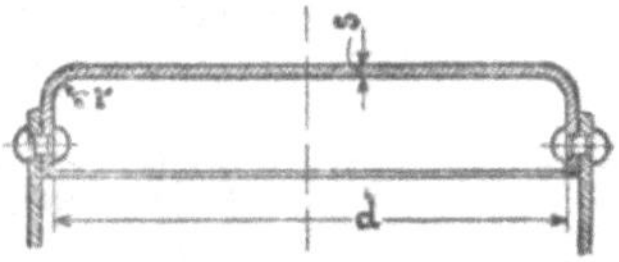

Fig. 17.

Gekrempte ebene Böden[1]).

Bezeichnet

s die Blechdicke in Millimetern,

p den größten Betriebsüberdruck in Atmosphären,

r den Wölbungshalbmesser der Krempe in Millimetern,

d den inneren Durchmesser des Bodens in Millimetern,

dann ist

$$s = \frac{1}{98}\left[d - r\left(1 + \frac{2r}{d}\right)\right]\sqrt{p} \tag{10}$$

oder

$$p = 9600\left[\frac{s}{d - r\left(1 + \frac{2r}{d}\right)}\right]^2. \tag{11}$$

---

[1]) Heute werden, wenigstens in Deutschland, fast nur noch gewölbte Böden angewendet.

Rohrplatten von Heizrohrkesseln

1. Die außerhalb des Rohrbündels liegenden Teile der Rohrplatte müssen nach den für ebene Wandungen geltenden Bestimmungen (Gleichungen 4—9) verankert werden, falls die Größe der dem Dampfdruck ausgesetzten Fläche die Verankerung fordert.

2. Die innerhalb des Rohrbündels liegenden Teile der Rohrplatte sind wie folgt zu bemessen:

a) Bei Verwendung besonderer Anker oder mit Gewinde eingesetzter Ankerrohre sind die Gleichungen 4, 5, 8 oder 9 anzuwenden. Die Rohre können in diesem Fall einfach aufgewalzt sein, jedoch darf die Wandstärke, der sicheren Befestigung der Rohre halber:

bei Flußeisenplatten

nicht unter $s = 5 + \frac{d}{8}$ für $d = 38$ bis etwa rund 100 mm,

bei Kupferplatten

nicht unter $s = 10 + \frac{d}{5}$ für $d = 38$ bis etwa rund 75 mm

gewählt werden, worin d den äußeren Rohrdurchmesser an der Befestigungsstelle in Millimetern bedeutet; ferner muß der Mindestquerschnitt des Steges zwischen zwei Rohrlöchern betragen:

bei Flußeisenplatten

180 qmm für $d = 38$ mm,

zunehmend auf etwa das 2,5fache für $d =$ rund 100 mm,

bei Kupferplatten

340 qmm für $d = 38$ mm,

zunehmend auf etwa das 2,5fache für $d =$ rund 75 mm.

b) Bei nicht besonders verankerten Rohrwänden, deren Rohre jedoch beiderseits umgebördelt oder in kegelförmig sich nach außen erweiternden Löchern eingewalzt sind, ist Sicherheit gegen Herausziehen der Rohrenden zu erwarten, wenn die auf 1 cm Rohrumfang entfallende Belastung (Fig. 18)

$$\sigma = \frac{p \cdot \text{Fläche } abcdefghiklm}{\pi d} \qquad (12)$$

den Betrag von 25 kg nicht überschreitet, sachgemäße Ausführung vorausgesetzt.

Bei nicht besonders verankerten Rohrwänden, deren Rohre in zylindrischen Löchern glatt eingewalzt sind, ist bei einer Beanspruchung bis zu 7 Atm. Betriebsüberdruck gleichfalls der Betrag $\sigma = 25$ als zulässig zu erachten. Bei höheren Dampfspannungen darf jedoch σ den Betrag von 15 kg nicht überschreiten.

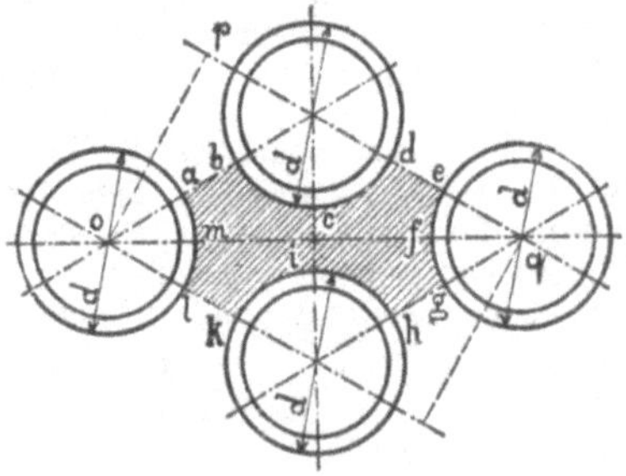

Fig. 18.

Wenn σ diese Beträge nicht überschreitet, bedarf es einer Berechnung des durch den Dampfdruck beanspruchten kleinen Feldes $a\,b\,c\,d\,e\,f\,g\,h\,i\,k\,l\,m$ nicht, sofern die in Ziff. *a* mit Rücksicht auf sichere Befestigung der Rohre geforderten Mindeststärken vorhanden sind.

In zweifelhaften Fällen kann dahingehende Prüfung durch die Gleichung

$$(13) \qquad p = 360\left(1 - 0{,}7\,\frac{d}{e}\right)\left(\frac{s}{e}\right)^2 \cdot k_b$$

stattfinden. Hierin bedeuten:

s die Plattendicke in Millimetern,
p den größten Betriebsüberdruck in Atmosphären,
d den äußeren Rohrdurchmesser an der Befestigungsstelle in Millimetern,
e die Seite des quadratischen Feldes in Millimetern, welches durch die vier unterstützenden Rohre gebildet wird, oder das arithmetische Mittel aus den Seiten des Rechtecks, welches durch die vier Rohre bestimmt erscheint (in Fig. 18 ist $e = \frac{\overline{op} + \overline{pq}}{2}$),
k_b die eintretende Biegungsanstrengung des Plattenmaterials in kg/qmm, die bis zur Höhe $= \frac{\text{Zugfestigkeit}}{4{,}5}$ zulässig erscheint.

Wird die Beanspruchung nach Gleichung 13 zu groß, oder

überschreitet σ die vorgeschriebenen Werte, so sind Anker oder Ankerrohre anzuordnen.

Insbesondere sind Randrohre darauf zu prüfen, ob ihre Belastung innerhalb der als zulässig bezeichneten Grenzen bleibt; im verneinenden Falle ist ein Teil von ihnen nach Gleichung 4 als Ankerrohre auszubilden oder sonstige Verankerung anzuordnen.

3. Ist bei Feuerbüchsen die Decke nicht durch Anker oder in anderer Weise mit dem Kesselmantel verbunden, sondern durch Bügel- oder Deckenträger, welche auf den Rändern der Rohrplatten stehen, unterstützt, dann darf die Dicke der Rohrwand nicht geringer sein als

$$s = \frac{p \cdot w \cdot b}{1900\,(b - d)}, \tag{14}$$

worin

w die Weite der Feuerbüchse in Millimetern (siehe Fig. 21),
b die Entfernung der Rohre voneinander, von Mitte zu Mitte gemessen, in Millimetern,
d den inneren Durchmesser der Rohre in Millimetern

bedeuten.

VI. Berechnung der Blechdicken gewölbter voller Böden ohne Verankerung gegenüber innerem Überdruck.

1. Bezeichnet

s die Blechdicke in Millimetern,
p den größten Betriebsüberdruck in Atmosphären,
r den inneren Halbmesser in der Mitte der Wölbung in Millimetern,
k die zulässige Belastung in kg/qmm,

so ist

$$s = \frac{p\,r}{200\,k} \quad \text{oder} \quad p = \frac{200\,s\,k}{r}. \tag{15}$$

2. Unter der Voraussetzung, daß der Krempungshalbmesser ausreichend groß gewählt wird, damit ein allmählicher Übergang von dem zylindrischen Teil am Umfang des Bodens in den gewölbten mittleren Teil stattfindet, darf *k* gewählt werden

bis zu 5 kg/qmm für Schweißeisen,
bis zu 6,5 kg/qmm für Flußeisen,
bis zu 4 kg/qmm für Kupfer, sofern die Dampftemperatur 200° C nicht überschreitet.

VII. Berechnung der Blechdicken gewölbter Flammrohrböden mit Aushalsung oder Einhalsung für ein oder zwei Flammrohre[1]).

Unter der Voraussetzung ausreichend großer Krempungshalbmesser der Böden (siehe VI, Ziff. 2) und ausreichend großen Abstandes der Flammrohre von den Krempen, sowie unter der Voraussetzung der Verwendung elastischer Flammrohre in Richtung ihrer Achse, so daß die Böden durch die Flammrohre keine erheblichen Zusatzspannungen erfahren, kann die Blechdicke der Böden bis auf weiteres nach der Gleichung 15 gerechnet und dabei k bis 7,5 kg/qmm gewählt werden.

VIII. Berechnung der Blechdicken von gewölbten Böden gegenüber äußerem Überdruck.

1. Bezeichnet

r den äußeren Halbmesser der mittleren Wölbung in Millimetern,

s die Stärke des Bodens in Millimetern,

p_0 die Flüssigkeitspressung in Atmosphären, bei welcher die Einbeulung zu erwarten steht,

so kann die durch

(16) $$k_0 = \frac{1}{200} p_0 \frac{r}{s}$$

bestimmte Einbeulungs-Druckspannung k_0 in kg/qmm aus der Gleichung

(17) $$k_0 = A - B\sqrt{\frac{r}{s}}$$

ermittelt werden, worin:

für kugelförmige, stark gehämmerte Kupferböden, welche aus dem Ganzen bestehen,

$$A = 25{,}5 \qquad B = 1{,}2\ ,$$

für geglühte Flußeisenböden, welche aus dem Ganzen bestehen,

$$A = 26 \qquad B = 1{,}15\ ,$$

[1]) Vgl. die Schlußbemerkung S. 67 über Ein- und Aushalsungen.

für Flußeisenböden, welche aus einzelnen Segmenten mit Überlappungsnietung hergestellt sind,

$$A = 24{,}5 \qquad B = 1{,}15$$

zu setzen ist.

2. Als zulässige Materialanstrengungen können gemäß der Gleichung

$$k = \frac{1}{200}\, p\, \frac{r}{s},$$

worin p den größten Betriebsüberdruck in Atmosphären bezeichnet, r und s die oben bezeichnete Bedeutung haben, für k nachstehende Werte als zulässig erachtet werden:

gegenüber Druck

für gehämmertes Kupfer bis 4 kg/qmm, sofern die Temperatur 200° C nicht überschreitet,

für geglühtes Flußeisen bis 6,5 kg/qmm,

gegenüber Einbeulung

bis 0,4 k_0 für beide Materialien

unter Bestimmung von k_0 aus Gleichung 17.

3. In bezug auf die Form der Böden gilt die Voraussetzung, daß der Krempungshalbmesser eine solche Größe besitzt, wie erforderlich ist, damit der Übergang von dem zylindrischen Teil am Umfange des Bodens in den gewölbten mittleren Teil ausreichend allmählich stattfindet.

IX. Schrauben und Verschraubungen.

1. Es ist zu unterscheiden zwischen Schrauben, welche für bearbeitete, und solchen, welche für unbearbeitete Flächen zur Verwendung kommen.

2. Bezeichnet

P den Gesamtdruck auf die gedrückte Fläche in Kilogrammen,

P_1 den auf einen Schraubenkern entfallenden Teil des Gesamtdrucks P in Kilogrammen,

k die Beanspruchung des Schraubenkerns in kg/qmm,

d den Durchmesser des Schraubenkerns in Millimetern,

so ist

$$k = 1{,}27\, \frac{P_1}{d^2} \tag{18}$$

und ferner, gleichviel, ob die Schrauben aus Schweißeisen oder aus Flußeisen hergestellt sind,

a) bei guten Schrauben, guter Bearbeitung der Flächen und weichem Dichtungsmaterial

(19) $$d = 0{,}45\sqrt{P_1} + 5\,,$$

b) wenn den unter a) genannten Anforderungen weniger vollkommen entsprochen ist,

(20) $$d = 0{,}55\sqrt{P_1} + 5\,.$$

3. Wird der Nachweis geliefert, daß das Schraubenmaterial den in den Materialvorschriften für Landdampfkessel für das Nieteisen aufgestellten Anforderungen genügt, so kann der Koeffizient in Gleichung 19 bis auf 0,4 vermindert werden.

4. Die Gleichungen 19 und 20 liefern bei ihrer Anwendung auf das Whitworthsche System:

Äußerer Durchmesser der Schraube		Kern- Durchmesser der Schraube	Zulässige Belastung der Schraube		
engl. "	mm	mm	Koeffizient 0,4	Koeffizient 0,45	Koeffizient 0,55
1/2	12,70	9,98	155 kg	122,5 kg	82 kg
5/8	15,88	12,93	393 „	310 „	208 „
3/4	19,05	15,80	729 „	576 „	386 „
7/8	21,23	18,62	1 159 „	916 „	613 „
1	25,40	21,34	1 669 „	1 318 „	883 „
1 1/8	28,57	23,93	2 440 „	1 770 „	1 185 „
1 1/4	31,75	27,10	3 053 „	2 412 „	1 614 „
1 3/8	34,92	29,51	3 755 „	2 967 „	1 986 „
1 1/2	38,10	32,69	4 792 „	3 786 „	2 535 „
1 5/8	41,27	34,77	5 539 „	4 377 „	2 930 „
1 3/4	44,45	37,95	6 785 „	5 361 „	3 589 „
1 7/8	47,62	40,41	7 837 „	6 192 „	4 145 „
2	50,80	43,59	9 308 „	7 355 „	4 922 „
2 1/4	57,15	49,02	12 111 „	9 569 „	6 406 „
2 1/2	63,50	55,37	15 857 „	12 528 „	8 387 „
2 3/4	69,85	60,55	19 286 „	15 237 „	10 201 „
3	76,20	66,90	23 947 „	18 923 „	12 667 „

5. Schrauben aus Flußeisen sollen kein scharfes, sondern möglichst abgerundetes Gewinde erhalten.

6. Schrauben aus Stahl, welcher härtbar ist, sind nicht zulässig.

7. Bei der Berechnung der Flanschenschrauben, sofern deren mehrere in unter sich gleichen Abständen zur Befestigung rechteckiger oder elliptischer Flächen verwendet werden, wie das in Fig. 19 u. 20 veranschaulicht ist, kann man annehmen, daß, wenn

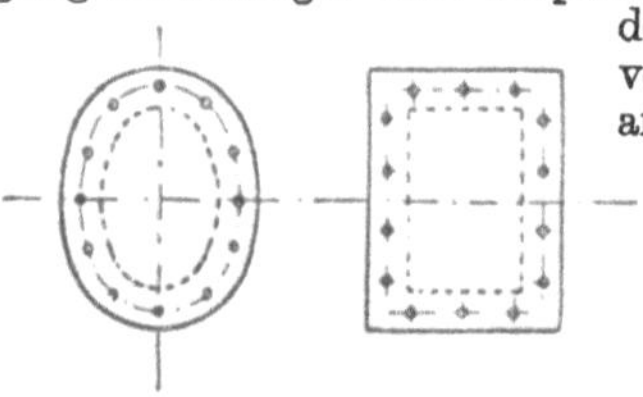

Fig. 19 und 20.

r den geringsten Abstand der Schrauben vom Schwerpunkte der gedrückten, rechteckigen oder elliptischen Fläche in Millimetern,

e die Schraubenteilung in Millimetern

bezeichnet, die am stärksten belastete Schraube den Druck zu übertragen hat:

$$P_1 = \frac{P e}{2 \pi r} . \qquad (21)$$

8. Wenn Biegungsspannungen von Erheblichkeit zu befürchten sind, wie namentlich bei unbearbeiteten Flächen, Durchbiegen der Flanschen, einseitig liegenden Dichtungen usw., ist ihnen bei der Bemessung der Schrauben besonders Rechnung zu tragen.

9. Die Flanschen sind so stark zu machen, daß sie der Biegungsbeanspruchung sowie auch dem Durchbiegen sicher widerstehen können.

10. Schwächere Schrauben als solche von 16 mm äußerem Durchmesser sind tunlichst zu vermeiden; Schrauben unter 13 mm äußerem Durchmesser sind nicht zulässig.

X. Anker und Stehbolzen.

1. Die Beanspruchung soll

bei geschweißten Ankern und Stehbolzen aus Schweißeisen . . . . 3,5 kg/qmm

bei ungeschweißten Ankern und Stehbolzen aus Schweißeisen . . . . 5 kg/qmm

bei ungeschweißten Ankern und Stehbolzen aus Flußeisen . . . . 6 kg/qmm bei Ankern und Stehbolzen aus Kupfer für Dampftemperaturen bis 200° C . . . . . . 4 kg/qmm

nicht überschreiten.

2. Es empfiehlt sich, die mit Muttern versehenen Längsanker mit Gewinde in die Stirnplatten oder Rohrplatten einzuschrauben, außerdem nicht nur außen, sondern auch innen mit Unterlegscheiben und mit Muttern zu versehen. Die Ankerröhren sind mit Gewinde einzuziehen und aufzuwalzen.

3. Die Länge der Eckanker soll so groß wie irgend möglich sein.

4. Es empfiehlt sich, in Dampfkesseln mit Flammrohren diejenigen Niete, welche die Eckanker mit der Stirnplatte verbinden, mindestens 200 mm vom Flammrohrumfang abstehen zu lassen.

5. Der Querschnitt der Eckanker soll im Verhältnis ihrer Neigung zur Kesselachse größer werden als derjenige der Längsanker.

6. Die zur Befestigung der Eckanker dienenden Bolzen und Niete sind den wirkenden Kräften entsprechend reichlich zu bemessen.

7. Werden ebene Stirnwände durch Aufnieten von I-Trägern u. dgl. versteift, so sollen diese ihre Belastung möglichst unmittelbar auf den Kesselmantel übertragen.

8. Bei der Versteifung feuerberührter ebener Flächen durch Stehbolzen sollte der Stehbolzenabstand im allgemeinen nicht größer als 200 mm sein.

XI. Bügel- oder Deckenträger für Feuerbüchsdecken.

1. Die freitragenden, nicht aufgehängten Träger sind wie ein Balken zu berechnen, der auf die Entfernung l (vgl. Fig. 21) frei aufliegt und an den Stützstellen der Decke durch die Kräfte belastet wird, welche sich für die auf ihn entfallenden Deckenfelder (vgl. Fig. 23) ergeben.

2. Dabei ist die Tragfähigkeit des Deckenbleches an sich außer Betracht gelassen. Die Abmessung c_1 bestimmt die Erstreckung desjenigen Teiles der Decke, welcher nach dem Rande zu seine Belastung auf den Randträger absetzt, im Durchschnitt c_1 etwa $= \frac{2}{3} x$.

3. Unter den in Fig. 21—23 angenommenen Verhältnissen ergibt sich mit p als größtem Betriebsüberdruck bei den zwei Randträgern:

für die die Stellen A belastende Kraft

$$P_a = \left(c_1 + \frac{c}{2}\right)\left(\frac{e_1}{2} + \frac{e}{2}\right) p\,,$$

für die die Stellen B belastende Kraft $P_b = \left(c_1 + \frac{c}{2}\right) e\, p$;

bei den zwei Mittelträgern:

für die die Stellen A belastende Kraft $P_a = c\left(\frac{e_1}{2} + \frac{e}{2}\right) p$,

für die die Stellen B belastende Kraft $P_b = c \cdot e\, p$,

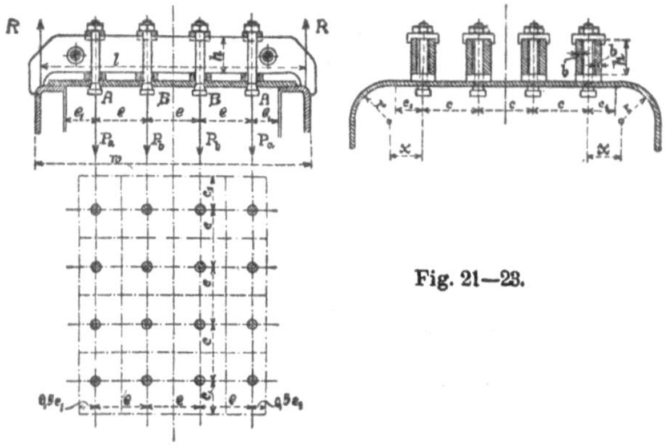

Fig. 21—23.

die Auflagerkraft an den Trägerenden:

$$R = P_a + P_b\,,$$

das größte biegende Moment im Querschnitt bei B und in den Querschnitten zwischen $B\,B$

$$M_b = R\left(\frac{l}{2} - \frac{e}{2}\right) - P_a \cdot e$$

und somit in

(22) $$M_b \leqq \frac{\Theta}{e'} k_b$$

die Gleichung zur Berechnung des Trägerquerschnitts, worin bedeuten:

Θ dessen Trägheitsmoment,
e' den Abstand der am stärksten beanspruchten Faser von der Nullachse;
für rechteckigen Querschnitt, wie in Fig. 22 angenommen,
ist $\frac{\Theta}{e'} = \frac{1}{6} 2\,b \cdot h^2 = \frac{1}{3} b\,h^2$;
k_b die zulässige Biegungsanstrengung des Trägermaterials, welche für zähes Material (Schweißeisen, Flußeisen, Flußstahl, Stahlguß) zu $^1/_4$ der Zugfestigkeit in Rechnung gestellt werden darf. Falls ein Nachweis der Zugfestigkeit nicht vorliegt, kann für die genannten Materialien $k_b = 9$ kg/qmm eingeführt werden.

4. Werden die Deckenträger aufgehängt, so sind sie den veränderten Belastungsverhältnissen entsprechend zu berechnen.

XII. Mannlöcher und sonstige Ausschnitte.

1. Im allgemeinen sollen die ovalen Mannlöcher mindestens 300 × 400 mm weit sein; hiervon ist nur dann abzuweichen, wenn die Anbringung derartig bemessener Mannlöcher mit Schwierigkeiten verknüpft ist. Die geringste zulässige Weite ist in diesem Ausnahmefall 280 × 380 mm.

2. Die in den Dampfdom führenden Öffnungen sind stets so zu bemessen, daß das Innere des Domes sowie dessen Decken- und Randkrempen der Untersuchung zugänglich bleiben.

3. Verschlußdeckel oder Mannlocheinfassungen (Rahmen) dürfen nicht aus Gußeisen oder Temperguß hergestellt werden. Sie müssen so gestaltet sein, daß die Packung nicht herausgedrückt werden kann.

4. Es empfiehlt sich, die Schraubenbolzen der Mannlochdeckel bei Kesseln für hohe Dampfspannung mit Gewinde einzusetzen und zu vernieten.

5. Die Ränder der Mannloch- und der sonstigen Ausschnitte sind stets dann wirksam zu versteifen, wenn durch das Einschneiden der Löcher eine unzulässige Verschwächung des Bleches gegenüber dem beabsichtigten Druck eintritt, oder wenn zu befürchten steht, daß das Blech durch das Anziehen der Bügel u. dgl. durchgespannt wird.

XIII. Schlußbemerkung.

Ist es gegebenenfalls nicht möglich, auf dem Wege der Rechnung die Widerstandsfähigkeit eines Kessels oder einzelner Teile desselben festzustellen, so ist der Weg des Versuchs zu beschreiten.

Die Druckprobe wird in solchen Fällen zur Festigkeitsprobe und ist dann mit dem zweifachen Betrage des beabsichtigten Betriebsüberdrucks auszuführen.

II. Abschnitt.

Die Feuerungsanlage.

Die Rostfläche.

Unter der Rostfläche schlechtweg versteht man die gesamte Rostfläche, d. h. das Produkt aus Rostlänge und Rostbreite. Ihre Größe richtet sich nach der Menge und der Art des zu verfeuernden Brennstoffs. Bezeichnet B die stündlich zu verfeuernde Brennstoffmenge und A die Anstrengung bzw. Beanspruchung des Rostes[1]), so ergibt sich die Rostfläche R zu

$$R = \frac{B}{A}.$$

Die zulässige Beanspruchung A des Rostes, d. h. die Brennstoffmenge, welche stündlich auf 1 qm Rostfläche rauchschwach verbrannt werden kann, hängt von der Art des Brennstoffs, der Zugstärke, der Geschicklichkeit des Heizers und der Art der Feuerung ab[2]). Durchschnittlich kann man die Rostbeanspruchung bei Koks zu etwa 65 kg, bei hochwertigen Steinkohlen zu 75 bis 80 kg, bei mittleren Steinkohlen zu 80—100 kg, bei hochwertigen Braunkohlen zu etwa 120—150 kg, und bei

[1]) Die auf 1 qm Rostfläche in der Stunde verbrannte Brennstoffmenge wird wohl auch als Brenngeschwindigkeit bezeichnet.

[2]) Bei mechanischen Feuerungen kann die Rostbeanspruchung größer gewählt werden als bei Handfeuerungen, da bei den ersteren die durch das Öffnen der Türen und das Aufwerfen größerer Kohlenmengen bedingte Abkühlung des Feuerraums wegfällt.

minderwertigen zu 170—200 kg annehmen. Diese Ziffern gelten für feststehende Kessel und für normalen Betrieb. Bei forciertem Betrieb kann man den Rost bei Verfeuerung von Koks mit ca. 90 kg, bei Steinkohlen mit 110—130 kg und bei Braunkohlen mit 170—250 kg und mehr beanspruchen. Bei Schiffskesseln und Lokomotiven sowie in Fällen, wo künstlicher Zug vorhanden ist, werden obige Ziffern erheblich überschritten.

Mit Rücksicht auf die Bedienung und die gleichmäßige Bestreuung des Rostes dürfen dessen Abmessungen ein gewisses Maß nicht überschreiten. Die größte Rostlänge sollte bei Handfeuerungen nicht über 2—2,2 m, die Breite nicht über 1—1,2 m betragen. Ist die Rostbreite größer, so sind zwei und mehr Feuertüren oder eine Teilung der Feuerung notwendig. Für größere Rostabmessungen empfiehlt sich die Anwendung von mechanischen Feuerungen.

Feuerzüge und Fuchs.

Die Züge sind so anzuordnen, daß ihre höchste Kante am Kessel 100 mm unter dem niedrigsten Wasserstand liegt. Ihr Querschnitt ist so zu bemessen, daß die Heizgase eine Geschwindigkeit von etwa 3—5 m besitzen. Über Gasgeschwindigkeiten von 6 m sollte man bei natürlichem Zug nicht hinausgehen. Nur bei den Röhren der Heizrohrkessel und dem Querschnitt über der Feuerbrücke läßt man notgedrungen größere Geschwindigkeiten zu. Ebenso auch bei eingebauten Kulissen[1]).

Da die Temperatur der Heizgase und damit auch deren Volumen nach dem Kesselende hin abnimmt, so

---

[1]) Der Zweck der Kulissen besteht darin, die Heizgase an den Kessel zu drängen, damit dieselben in innige Berührung mit den Heizflächen kommen.

kann auch der Zugquerschnitt entsprechend abnehmen. Man kann bei normaler Beanspruchung der Rostfläche den Querschnitt über der Feuerbrücke zu etwa $^1/_8$—$^1/_{10}$, den Querschnitt des ersten Zuges zu etwa 0,40—0,45, denjenigen des zweiten Zuges zu etwa 0,30—0,38 und denjenigen des dritten Zuges zu etwa 0,25—0,30 der gesamten Rostfläche annehmen. Bei Heizrohrkesseln rechnet man für den Querschnitt sämtlicher Röhren $^1/_6$—$^1/_8$ der Rostfläche.

Die Feuerzüge müssen befahrbar und mit Einsteigöffnungen ausgerüstet sein, um eine Reinigung von Ruß und Flugasche, sowie eine Besichtigung der Kesselwandung zu ermöglichen. An allen Stellen, wo infolge des Richtungswechsels der Gase eine Ablagerung von Flugasche eintritt, sind Vertiefungen bzw. Aschensäcke vorzusehen, um Querschnittsverengungen der Züge durch Flugasche zu vermeiden.

Der Fuchs ist der Kanal, welcher den letzten Zug mit dem Schornstein verbindet. Sein Querschnitt hat die Form eines Rechtecks, dessen obere Seite gewölbt oder halbkreisförmig ist. Die Größe des Fuchsquerschnitts berechne man unter Zugrundelegung einer Abgastemperatur von 250—300° C.

Die Kesseleinmauerung.

Die Einmauerung von Dampfkesseln besitzt meist eine Stärke von zwei Steinen, entsprechend 550—580 mm einschließlich der Hohlräume. Eine geringere Stärke von $1^1/_2$ Steinen ist nur bei kleineren Kesseln üblich. Größere Stärken als zwei Steine hingegen kommen nur bei hohen Kesseln, wie Wasserrohrkesseln und kombinierten Kesseln vor. Man geht hier mit der Stärke bis auf $2^1/_2$ Steine.

Mauerwerk, das mit Heizgasen über 600° C in Berührung kommt, ist mit feuerfesten Steinen (Schamotte) auszukleiden. Dies gilt in erster Linie für den Feuerraum und die Feuerbrücke. Das feuerfeste Mauerwerk ist hierbei im Verband mit dem übrigen Mauerwerk herzustellen.

Das Kesselmauerwerk ist, um ein Reißen desselben zu verhüten, gut zu verankern. Des weiteren ist dasselbe luftdicht zu verfugen, um das Eindringen kalter Außenluft in die Züge zu verhindern. Die Fugen sollen möglichst nicht stärker als 8 mm sein. Als Mörtel ist für das feuerfeste Mauerwerk Schamotte anzuwenden. Für das übrige Mauerwerk nimmt man innen Kalkmörtel (oder Lehm), außen verlängerten Zementmörtel. Dort, wo das Mauerwerk an den Kessel anschließt, empfiehlt es sich, Asbestschnüre oder Schlackenwolle zur Abdichtung dazwischen zu legen.

Zur Verringerung der Wärmeausstrahlung werden in den Mauern Hohlräume bzw. Isolierschichten von 50 bis 80 mm Weite vorgesehen, welche mit Schlackenwolle oder Kieselgur, häufig auch nur mit Asche, Sand oder dergleichen ausgestampft werden. Die vielfach noch gebräuchlichen Luftschlitze sind zu verwerfen. Luft ist zwar der schlechteste Wärmeleiter, jedoch nur solange sie stagniert. Letzteres aber trifft in Wirklichkeit nicht zu.

Diejenigen Stellen, an welchen das Mauerwerk von dem Kessel durchdrungen wird, dichtet man zweckmäßig mit Asbestschnur oder Schlackenwolle ab. Diese Materialien ermöglichen durch ihre Elastizität, daß die betreffenden Stellen trotz des ständigen Arbeitens des Kessels dicht bleiben.

Die Abdeckung des Kessels geschieht durch Sand oder ausgesiebte Asche und Schlacke, sowie durch eine oder zwei Flachschichten oder eine Rollschicht von Ziegelsteinen. Bei Anlagen, bei denen die Wärmeausstrahlung auch nach oben hin soweit als möglich verringert werden soll, und wo die Mehrkosten nicht gescheut werden, empfiehlt sich die Verwendung von Diatomitsteinen bzw. Kieselgursteinen, und darauf Kieselgur sowie zwei Flachschichten oder eine Rollschicht Ziegelsteine.

Speziell bei der Einmauerung von Wasserrohrkesseln ist zu beachten, daß zwischen je zwei Kesseln ein Raum von ca. 2 m verbleiben muß, damit das Ausblasen des Röhrenbündels möglich ist. Es können also hier höchstens zwei Kessel zusammengebaut werden.

Der Schornstein.

Der Schornstein hat die Aufgabe, die Verbrennungsluft durch die Rostspalten und die Verbrennungsprodukte durch die Züge hindurchzusaugen und in die Atmosphäre überzuführen. Damit die Rauchbelästigung nach Möglichkeit verhütet wird, soll die Schornsteinmündung mindestens 3—5 m höher sein als der höchste im Umkreis von 300 m gelegene First von Wohngebäuden. In größeren Städten wird in der Regel eine Mindesthöhe des Schornsteins von 35—40 m vorgeschrieben. Schornsteinhöhen über 70—75 m sind verhältnismäßig selten[1]).

Die Zugwirkung des Schornsteins kommt dadurch zustande, daß die in demselben befindlichen Heizgase wärmer und infolgedessen spezifisch leichter sind als die umgebende Luft. Die Luft strömt daher von außen nach, tritt durch die Rostspalten in die Feuerung ein und drückt die Verbrennungsprodukte nach dem Schornstein. Die Zugstärke ist hierbei um so größer, je höher

[1]) Der größte Schornstein, welcher bisher gebaut wurde, befindet sich in Amerika und hat eine Höhe von 154 m und eine obere Lichtweite von 15,2 m.

der Schornstein ist und je höher die Temperatur der Rauchgase über derjenigen der Außenluft liegt. Die Menge der angesaugten Rauchgase ist außerdem noch abhängig von der Lichtweite des Schornsteins und von den Widerständen, die sich der Luft und den Heizgasen auf dem Wege vom Rost bis zur Schornsteinmündung entgegenstellen.

Der Schornstein kann aus Ziegelmauerwerk oder auch aus Blech bestehen. Blechschornsteine kommen bei uns meist nur für kleinere oder vorübergehend benützte Anlagen in Betracht, sowie dort, wo der Baugrund schlecht ist. Den geringeren Anlagekosten des Blechschornsteins steht seine kürzere Lebensdauer, sowie der Nachteil gegenüber, daß die Zugstärke infolge stärkerer Abkühlung der Rauchgase eine geringere ist.

Der untere Teil des Schornsteins wird, um ein Reißen desselben zu verhüten, mit einem Futter ausgekleidet[1]). Dieses Kaminfutter braucht jedoch nicht aus feuerfesten Steinen zu bestehen, da die Temperatur der Rauchgase in der Regel unter 300° C liegt. Feuerfeste Steine haben höchstens den Vorzug, daß sie eine glattere Oberfläche und damit eine geringere Reibung ergeben.

Die Berechnung des Schornsteins hat nach zwei verschiedenen Richtungen hin zu erfolgen. Einmal muß seine Höhe und Lichtweite der erforderlichen Zugwirkung entsprechend bemessen werden, und zweitens muß er den statischen Anforderungen genügen. Letztere bedingen einen nach unten zunehmenden Durchmesser, damit die durch das Eigengewicht des Schornsteins und durch den Winddruck erzeugten Spannungen in den zulässigen Grenzen bleiben.

[1]) Bei starkem Anlauf (Verjüngung) des Schornsteins wirkt das Futter günstig auf die Gasgeschwindigkeit. Letztere wäre ohne Futter unter Umständen zu gering.

Man geht bei der Berechnung des Schornsteins von dessen Lichtweite und Höhe aus. Die vom Schornstein geförderte Gasmenge wächst proportional mit der Größe des Querschnitts, dagegen nur mit der Quadratwurzel aus der Höhe. Da die Herstellungskosten eines Schornsteins sehr rasch mit der Höhe zunehmen, so ist man im allgemeinen bestrebt, mäßig hohe Schornsteine mit entsprechend weitem Querschnitt zu bauen. Allerdings darf man hierbei nicht so weit gehen, daß die Austrittsgeschwindigkeit der Rauchgase unter 3—4 m pro Sekunde heruntergeht. Ist nämlich die Austrittsgeschwindigkeit zu gering, so kann es, insbesondere bei nur teilweiser Belastung, vorkommen, daß ein Rückstau der Rauchgase durch den Wind eintritt und somit der ganze Betrieb in Frage gestellt wird.

Wo eine größere Zahl von Kesseln zur Aufstellung kommt, kann man mit der Ausströmungsgeschwindigkeit unter Umständen bis auf 8 m hinaufgehen, damit auch bei teilweisem Betrieb sicher noch 3—4 m vorhanden sind. Wo allerdings die Zahl der gleichzeitig im Betrieb befindlichen Kessel unter $^1/_4$—$^1/_5$ der Gesamtzahl heruntergeht, ist es besser, zwei oder mehr Schornsteine aufzustellen, da sich sonst bei schwachem Betrieb eine zu geringe, bei forciertem Betrieb hingegen eine zu große Gasgeschwindigkeit ergeben würde.

Die Weite des Schornsteins ist mit Rücksicht auf die spätere Vergrößerung der Anlage zu bemessen. Bei dem anfänglich schwachen Betrieb wird dann allerdings der Schornstein schlecht ziehen. Man kann sich jedoch hier dadurch helfen, daß man die Schornsteinmündung durch Aufsetzen eines Deckrings (mit Rohreinsatz) verengt.

Der lichte obere Schornsteinquerschnitt F in Quadratmeter berechnet sich nach Lang aus der Gleichung

$$F = \frac{B \cdot V(1 + \alpha t)}{3600 \cdot v}.$$

Hierbei bedeuten B die stündlich verbrannte Brennstoffmenge in Kilogramm, V das Volumen der Heizgase aus 1 kg Brennstoff in Kubikmeter bei 0°, $\alpha = \frac{1}{273}$ den Ausdehnungskoeffizienten der Rauchgase, t die Temperatur der Rauchgase an der Schornsteinmündung in Grad C, v die Geschwindigkeit der Rauchgase an der Schornsteinmündung in m/sek.

Häufig wird auch in der Weise verfahren, daß man den oberen lichten Schornsteinquerschnitt bei kleinen Anlagen zu $^1/_4$—$^1/_5$ der gesamten Rostfläche annimmt. Bei großen Anlagen geht man herunter bis auf $^1/_7$—$^1/_8$ der Rostfläche.

Was die Schornsteinhöhe über dem Rost anlangt, so ist eine vollständig genaue Berechnung derselben nicht möglich, da sich die Bewegungswiderstände, welche die Luft und die Heizgase beim Durchströmen der Rostspalten, der Brennstoffschicht, der Feuerzüge und des Schornsteins erfahren, nicht genau voraus bestimmen lassen. Es empfiehlt sich die Schornsteinhöhe möglichst reichlich zu wählen, insbesondere wenn Überhitzer und Ekonomiser[1]) vorhanden sind, damit man auch an heißen Tagen noch ausreichenden Zug hat. Reichliche Schornsteinhöhe empfiehlt sich insbesondere auch dort, wo es häufig vorkommt, daß der Wind schräg von oben auf

[1]) Der durch Aufstellung eines Ekonomisers verursachte Zugverlust beträgt 3—5 mm Wassersäule und mehr, je nach der Gasgeschwindigkeit. Durchschnittlich kann man pro Meter Gasgeschwindigkeit einen Zugverlust von 1 mm annehmen. Über 5 m Gasgeschwindigkeit jedoch wächst der Zugverlust stärker. Die Gasgeschwindigkeit ist hierbei immer bezogen auf den freien Ekonomiserquerschnitt.

die Schornsteinmündung trifft, wie z. B. an Bergabhängen oder in Tälern.

Man kann die Schornsteinhöhe H in Metern über dem Rost aus folgender Gleichung berechnen:

$$\frac{v^2}{2g} = \frac{H}{1 + z_1 + z \cdot \frac{L+H}{D}} \cdot \frac{T_s - T_a}{T_a} .$$

Hierin bedeuten z_1 den Koeffizienten für den Widerstand des Rostes (im allgemeinen $z_1 = 12$), z den Koeffizienten für den Widerstand der Feuerzüge und des Schornsteins (im allgemeinen $z = \frac{1}{20}$)[1]), T_s die mittlere absolute Temperatur im Schornstein, T_a die mittlere absolute Temperatur der Außenluft, L die Summe aller Heizgaswege bis zum Schornstein in Metern[2]), D den lichten Durchmesser des Schornsteins an der Mündung in Metern, v die Rauchgasgeschwindigkeit an der Schornsteinmündung in Metern, und $g = 9{,}81$ die Fallbeschleunigung.

Für mittlere Verhältnisse kann man auch setzen

$$H = 15\,D + c .$$

Hierbei ist c bei großen Anlagen zu 10, bei kleinen zu 15 anzunehmen.

Die Zugstärke s in Millimeter Wassersäule, d. h. der Pressungsunterschied, mit welchem die Luft in die Rostspalten gedrückt wird, ergibt sich zu

$$s = 1{,}293 \cdot H \cdot \left(\frac{273}{T_a} - \frac{273}{T_s}\right) .$$

---

[1]) Bei Kesseln mit großen Zugwiderständen (Flammrohr-Heizrohrkessel) oder wenn Speisewasservorwärmer im Fuchs eingebaut sind, wählt man z größer, bis zu $\frac{1}{10}$.

[2]) Bei mehreren Kesseln ist für L der größte Heizgasweg, d. h. der Abstand des am weitesten entfernten Rostes vom Kamin, den Feuerzügen entlang gemessen, zu setzen.

Hierbei ist das spezifische Gewicht der Außenluft zu 1,293 angenommen. Genau genommen ist dasselbe entsprechend der Temperatur T_a und dem mittleren Barometerstand zu wählen.

Zum Schluß möge noch darauf hingewiesen sein, daß grobkörnige Kohle weniger Zug braucht als feinkörnige. Auch braucht gasreiche Kohle weniger Zug als gasarme.

III. Abschnitt.

Der Dampfkessel nebst Zubehör.

Bemessung der Heizflächen[1]).

1. Kesselheizfläche.

Als Heizfläche eines Dampfkessels gilt der auf der Feuerseite gemessene Flächeninhalt der einerseits von den Heizgasen, andererseits vom Wasser berührten Wandungen. Bei Berechnung der Größe der Heizfläche geht man von der stündlich zu erzeugenden Dampfmenge aus. Man dividiert hierbei die stündliche Dampfmenge durch die Heizflächenbeanspruchung.

Die Heizflächenbeanspruchung[2]), d. h. die Dampfmenge in Kilogramm, die 1 qm Heizfläche pro Stunde erzeugt, wird heute weit größer gewählt als früher. Man kann dieselbe für Flammrohr- und Wasserrohrkessel zu ca. 20 kg annehmen, für Heizrohrkessel, kombinierte Kessel, sowie für Batteriekessel zu etwa 15 kg. Diese Ziffern gelten für normale Betriebsverhältnisse. Bei forciertem Betrieb kann man die Heizfläche wesentlich

---

[1]) Vgl. auch die allgemeinen Ausführungen über Wärmeübertragung im I. Teil, S. 89 u. ff.

[2]) Vgl. auch S. 93 im I. Teil. Bemerkt sei, daß beim Vergleich zweier Kessel hinsichtlich ihrer Beanspruchung die letztere auf Normaldampf zu beziehen ist. Vgl. I. Teil, S. 97.

stärker anstrengen. Am meisten lassen sich hierbei Flammrohr- und Wasserrohrkessel forcieren. Man geht hier mit der Beanspruchung bis 30 kg. Wenn es sich um vorübergehende, nur kurze Zeit dauernde Erzeugung großer Dampfmengen handelt, oder wenn reichlich bemessene Ekonomiser vorhanden sind, so geht man mit der Beanspruchung unter Umständen noch höher, insbesondere bei Wasserrohrkesseln, bei denen man hinsichtlich der Größe der Rostfläche nicht beschränkt ist.

Bei Lokomotiv- und Schiffskesseln geht man mit der Beanspruchung weit höher als bei stationären Kesseln. Man kann hier 40—50 kg als normal betrachten.

Je stärker ein Kessel angestrengt werden soll, desto größer ist das Verhältnis der Rostfläche zur Heizfläche zu wählen. Je größer allerdings dieses Verhältnis ist, desto ungünstiger gestaltet sich im allgemeinen die Wärmeausnützung, denn mit um so höherer Temperatur verlassen die Heizgase den Kessel. Um trotzdem eine gute Wärmeausnützung zu erzielen, ist man gezwungen, einen Ekonomiser aufzustellen.

Die Dampfleistung hängt nicht, wie dies vielfach angenommen wird, von der Art des Brennmaterials ab, sondern von der Konstruktion und Dimensionierung der Feuerung, der Einmauerung bzw. Anordnung der Züge usw. Bei ausreichender Bemessung der Rostfläche lassen sich auch bei geringwertigem Brennmaterial Dampfleistungen von 30—40 kg pro Quadratmeter Heizfläche und Stunde erzielen. Nur ist bei stark wasserhaltigen Brennstoffen zu berücksichtigen, daß große Mengen von Wasserdampf in den Rauchgasen enthalten sind und mit diesen abgeführt werden müssen. Es ist deshalb für einen ausreichenden Kaminzug Sorge zu tragen.

2. Überhitzerheizfläche.

Die Bemessung der Heizfläche von Überhitzern erfolgt vielfach auf Grund von Erfahrungszahlen, insbesondere dann, wenn es sich um Anlagen handelt, die in ähnlicher Weise schon mehrfach ausgeführt wurden. Man kann sich in solchen Fällen damit begnügen, die Überhitzerheizfläche auf Grund der Kesselheizfläche und der Rostfläche zu schätzen.

Wo diese Voraussetzung nicht zutrifft, oder wo es sich um direkt gefeuerte Überhitzer handelt, ist man auf die Rechnung angewiesen. Die Berechnung erfolgt alsdann nach der allgemeinen Gleichung auf S. 90 im I. Teil.

Bezüglich des der Rechnung zugrunde zu legenden Wärmedurchgangskoeffizienten herrscht zurzeit noch eine gewisse Unsicherheit, da der Einfluß der verschiedenen, die Größe von k bestimmenden Faktoren noch nicht genügend aufgeklärt ist. Und zudem ist der Wärmedurchgang im Betrieb ein anderer als bei Versuchen, da der Überhitzer im Betrieb stets mehr oder weniger mit Ruß und Flugasche bedeckt ist.

Nach Hirn ist der Wärmedurchgangskoeffizient bei gußeisernen Überhitzern 10—15. Bei schmiedeisernen Überhitzern kann man ihn je nach der Kesselbeanspruchung etwa zwischen 15 und 25 annehmen. Es wurden jedoch bei stark angestrengten Kesseln und bei direkt gefeuerten Überhitzern auch schon größere Werte für k beobachtet, insbesondere wenn der Überhitzer im Gegenstrom arbeitet. So kann z. B. für direkt gefeuerte Überhitzer k Werte von 40—50 erreichen.

Allgemein läßt sich sagen, daß die Heizfläche des Überhitzers um so kleiner wird, je höher die Rauchgastemperatur, d. h. je weniger Kesselheizfläche dem Überhitzer vorgeschaltet ist. Man muß jedoch stets so viel

Kesselheizfläche vorschalten, daß die Temperatur der Rauchgase beim Eintritt in den Überhitzer auch bei höchster Kesselbeanspruchung den Betrag von etwa 800° C nicht überschreitet, da sonst ein Verbrennen des Überhitzers zu befürchten ist, zumal dann, wenn derselbe im Gegenstrom arbeitet.

Auf Grund von praktischen Erfahrungen kann man für Überhitzer von normal beanspruchten Wasserrohrkesseln bei Dampftemperaturen von

250 275 300 325 350° C

das Verhältnis von Überhitzerheizfläche zu Kesselheizfläche schätzungsweise wie folgt annehmen:

$$\frac{1}{6} \quad \frac{1}{4{,}4} \quad \frac{1}{3{,}5} \quad \frac{1}{3} \quad \frac{1}{2{,}5}\,.$$

Hierbei ist vorausgesetzt, daß vor dem Überhitzer die Hälfte der Kesselheizfläche liegt.

Für Flammrohrkessel nehme man bei Dampftemperaturen von ca. 350° C die Überhitzerheizfläche etwa 50% von der Kesselheizfläche. Bei langflammigen Kohlen, wie z. B. Braunkohlen oder gasreichen Steinkohlen, kann man die Heizfläche des Überhitzers etwas kleiner wählen.

Bei Flammrohr-Heizröhrenkesseln kann man die Heizfläche des Überhitzers bei Dampftemperaturen von 320—350° C ungefähr zu $^1/_5$ der Kesselheizfläche annehmen. Da der Unterkessel hier ziemlich kurz ist, so sind die Heizgastemperaturen beim Eintritt in den Überhitzer dementsprechend höher und man kommt deshalb mit geringeren Heizflächen aus.

Im nachfolgenden sei an einigen Beispielen gezeigt, wie die Heizfläche von Überhitzern auf dem Wege der

Rechnung festgestellt wird. Hierbei wurde angenommen, daß es sich um indirekt gefeuerte, d. h. in die Kesselzüge eingebaute Überhitzer handelt. Bei Überhitzern mit eigener Feuerung ist der Rechnungsgang der gleiche, nur sind hier gemäß oben für den Wärmedurchgangskoeffizienten höhere Werte anzunehmen, da man wesentlich größere Temperaturgefälle hat. Man kann bei direkt gefeuerten Überhitzern die Eintrittstemperatur der Heizgase mit etwa 800—900° C in die Rechnung einführen.

Bei indirekt gefeuerten Überhitzern hängt die Eintrittstemperatur der Heizgase außer von der Kesselbeanspruchung und der Art des verfeuerten Brennmaterials in erster Linie von der Einbaustelle ab. Als Ausgangspunkt für die Berechnung mögen die folgenden Angaben dienen:

Bei Wasserrohrkesseln kann man die Eintrittstemperatur der Heizgase zu

400—450 450—550 550—650° C

schätzen, sofern dem Überhitzer etwa

$\frac{2}{3}$ $\frac{1}{2}$ $\frac{2}{5}$

der Kesselheizfläche vorgeschaltet werden.

Bei Flammrohrkesseln üblicher Länge kann man die Eintrittstemperatur der Heizgase zu 500—600° C und bei Flammrohr-Heizröhrenkesseln zu 600—800° C annehmen.

Die angegebenen Temperaturen gelten für mittlere Kesselbeanspruchung und für Steinkohlenfeuerung. Bei starker Kesselbeanspruchung sind dieselben höher. Auch bei Verfeuerung von Braunkohlen oder gasreichen Steinkohlen erhöht sich die Heizgastemperatur vor dem Überhitzer. Im übrigen hängt die letztere in erheblichem Maße von der Reinheit der Kesselheizfläche ab. Je mehr sich diese im Betrieb mit Ruß und Flugasche belegt, desto schlechter wird der Wärmeübergang an den Kesselinhalt und mit desto höherer Temperatur treten die Heizgase in den Überhitzer ein.

Beispiel I. Für einen Zweiflammrohrkessel von 100 qm Heizfläche und 12 Atm. Überdruck soll ein Überhitzer berechnet werden, welcher den Dampf bei einer Beanspruchung des Kessels von 20 kg/qm Heizfläche auf 350° C überhitzt, entsprechend 310—320° C vor der Maschine. Der Kessel wird mit Ruhrkohlen gefeuert. Wie groß ist die Heizfläche des Überhitzers zu bemessen?

Die einer Spannung von 12 Atm. entsprechende Sattdampftemperatur beträgt gemäß Zahlentafel S. 7 im I. Teil rund 190° C. Die verlangte Überhitzung ist sonach 160° C. Da pro Stunde 2000 kg Dampf zu überhitzen sind, so beträgt der hierzu erforderliche Wärmeaufwand unter Zugrundelegung einer spezifischen Wärme des überhitzten Dampfes von 0,54

$$0{,}54 \cdot 160 \cdot 2000 = 172\,800 \text{ Kalorien.}$$

Schätzt man, daß der in den Überhitzer eintretende Sattdampf etwa 2% Wasser enthält (bei Wasserrohrkesseln kann man die Dampffeuchtigkeit zu 3—4% annehmen), so hat der Überhitzer 40 kg Wasser zu verdampfen. Nimmt man die Verdampfungswärme des Wassers zu rund 500 Kalorien pro Kilogramm an[1]), so beträgt der Wärmeaufwand zur Verdampfung des mitgerissenen Wassers

$$0{,}02 \cdot 2000 \cdot 500 = 20\,000 \text{ Kalorien.}$$

Die pro Stunde überzuführende Wärmemenge beträgt sonach 192 800 Kalorien. Schätzt man die mittlere Umgebungstemperatur der Rauchgase zu 450° C, so ergibt sich das mittlere Temperaturgefälle[2]) zwischen Rauchgasen und Dampf zu $450 - \frac{190 + 350}{2} = 180°$ C. Unter Zugrundelegung eines

---

[1]) Genau genommen ist die Verdampfungswärme von der Spannung abhängig. Sie beträgt bei 12 Atm. rund 475 Kal.

[2]) Vgl. auch S. 52, letzter Absatz.

Wärmedurchgangskoeffizienten von $k = 20$ bestimmt sich die Heizfläche des Überhitzers zu

$$F = \frac{192\,800}{20 \cdot 180} = 53{,}6 \text{ qm.}$$

Bei der vorliegenden Kesselbeanspruchung und bei Verfeuerung von Steinkohlen kann etwa mit einer mittleren Umgebungstemperatur von 450° C gerechnet werden. Für langflammige Brennstoffe, wie z. B. Braunkohlen kann die mittlere Umgebungstemperatur etwas höher als 450° C angenommen werden.

Beispiel II. Für einen vorhandenen Wasserrohrkessel von 200 qm Heizfläche und 13 Atm. Überdruck soll ein Überhitzer berechnet werden, welcher den Dampf bei einer Kesselbeanspruchung von 25 kg/qm auf 350° C überhitzt, entsprechend 310—320° C vor der Maschine. Der Kessel wird mit Ruhrkohlen von ca. 7500 Kal. gefeuert. Wie groß ist die Heizfläche des Überhitzers zu bemessen, wenn die (durch Messung bestimmte) Eintrittstemperatur der Heizgase in den Überhitzer 600° C beträgt.

Die der Spannung von 13 Atm. entsprechende Sattdampftemperatur ist 194° C. Es beträgt sonach die Überhitzung 156° C. Mithin bestimmt sich der zur Überhitzung von $200 \cdot 25 = 5000$ kg Dampf pro Stunde erforderliche Wärmeaufwand gemäß S. 9 im I. Teil zu

$$0{,}54 \cdot 156 \cdot 5000 = 421\,200 \text{ Kal.}$$

Nimmt man die Dampffeuchtigkeit zu 4% und die Verdampfungswärme pro Kilogramm Wasser zu rund 500 Kal. an[1]), so beträgt der Wärmeaufwand zur Dampftrocknung

$$0{,}04 \cdot 5000 \cdot 500 = 100\,000 \text{ Kal.}$$

Die pro Stunde an den Überhitzer abzugebende Wärmemenge beträgt sonach 521 200 Kal.

Zur Berechnung des mittleren Temperaturgefälles zwischen Heizgasen und Dampf ist es zunächst notwendig, die Temperaturabnahme der Heizgase beim Durchgang durch den Überhitzer festzustellen. Schätzt man den Strahlungsverlust durch das Überhitzermauerwerk zu 10%, so ist den Heizgasen

[1]) Genau genommen ist die Verdampfungswärme von der Spannung abhängig. Sie beträgt bei 13 Atm. rund 473 Kal.

eine Wärmemenge von 1,1 · 521 200 = 573 320 Kal. zu entziehen.

Der Kohlenverbrauch pro Stunde ist unter Zugrundelegung einer rund achtfachen Verdampfung $\frac{5000}{8}$ = 625 kg. Unter der Annahme, daß in der Feuerung mit einem Luftüberschuß von 70%, entsprechend einem Kohlensäuregehalt der Heizgase von ca. 11%, gearbeitet wird, entstehen pro Kilogramm verbrannter Steinkohle ca. 13,5 cbm Verbrennungsgase[1]) von 0,32 spezifischer Wärme, beides bezogen auf 0° und 760 mm. Damit ergibt sich die Rauchgastemperatur x hinter dem Überhitzer aus der Gleichung

$$0{,}32 \cdot (600 - x) \cdot 625 \cdot 13{,}5 = 573\,320$$

$$\text{abgerundet zu } x = 388^\circ \text{ C.}$$

Hierbei ist nicht berücksichtigt, daß die Heizgase zugleich mit dem Überhitzer auch einen, wenn auch geringen Teil der Heizfläche des Oberkessels bestreichen. Wollte man diesem Umstand Rechnung tragen, so müßte die Temperatur der Heizgase hinter dem Überhitzer schätzungsweise um ein Geringes niederer angenommen werden, als sie sich nach der Rechnung ergibt.

Die mittlere Umgebungstemperatur des Überhitzers beträgt sonach $\frac{600 + 388}{2} = 494^\circ$ C. Da die mittlere Dampftemperatur im Überhitzer $\frac{194 + 350}{2} = 272^\circ$ C beträgt, so bestimmt sich das mittlere Temperaturgefälle zwischen Heizgasen und Dampf zu $494 - 272 = 222^\circ$ C.

Genau genommen ist es allerdings nicht richtig, einfach die arithmetischen Mittel der Anfangs- und Endtemperaturen voneinander zu subtrahieren. Jedoch ist es praktisch vollständig ausreichend, das mittlere Temperaturgefälle auf diese Weise zu ermitteln, da die Eintrittstemperatur der Rauchgase in den Überhitzer doch meist geschätzt werden muß. Zudem ist im Betrieb die Eintrittstemperatur ganz verschieden, je nach dem Zustand der Kesselheizfläche[2]). Und

[1]) Vgl. S. 130 und 131. Um sicher zu gehen, empfiehlt es sich, bei der Berechnung von Überhitzern und Ekonomisern eher mit etwas geringerem Luftüberschuß zu rechnen. In Wirklichkeit gestalten sich dann bei größerer Rauchgasmenge die Verhältnisse günstiger. Vgl. in dieser Hinsicht S. 126.

[2]) Vgl. S. 50.

endlich wird die durch die Rechnung ermittelte Überhitzerheizfläche doch entsprechend aufgerundet.

Unter Zugrundelegung eines Wärmedurchgangskoeffizienten von 20 ergibt sich nunmehr die Heizfläche des Überhitzers zu

$$F = \frac{521\,200}{20 \cdot 222} = 117 \text{ qm}.$$

Ein weiteres Beispiel einer Überhitzerberechnung befindet sich auf S. 57. Bei diesem Beispiel handelt es sich um die Verwertung der Abgase eines Schweißofens zur Erzeugung von Dampf.

3. Heizfläche von Rauchgas-Vorwärmern.

Die Heizfläche von Vorwärmern berechnet sich nach der auf S. 90 im I. Teil angegebenen Formel. Der Wärmedurchgangskoeffizient ist hierbei, je nach den Rauchgastemperaturen bzw. der Größe des Temperaturgefälles, verschieden groß anzunehmen und schwankt etwa zwischen 10 und 50 und darüber.

Bei Berechnung der Heizfläche von Abgasvorwärmern, Ekonomiser genannt[1]), ermittle man zunächst den stündlichen Kohlenverbrauch. Alsdann ermittle man nach S. 35, I. Teil, die Heizgasmenge pro Kilogr. verbranntem Brennstoff, unter der Annahme, daß mit 100 % Luftüberschuß gearbeitet wird[2]). Bestimmt man weiterhin noch das mittlere Temperaturgefälle zwischen Rauchgasen und Wasser, so ergibt sich unter Zugrundelegung eines bestimmten Wärmedurchgangskoeffizienten die Heizfläche des Ekonomisers.

Der Wärmedurchgangskoeffizient kann für gußeiserne

---

[1]) Vgl. S. 109.

[2]) Wenn auch in der Feuerung mit einem geringeren Luftüberschuß (vgl. S. 30 im I. Teil) gearbeitet wird, so ist der Luftüberschuß im Ekonomiser doch höher zu veranschlagen, da durch die Spalten der Rauchschieber und durch die zahlreichen Kratzeröffnungen am Ekonomiser falsche Luft eintritt. Auch durch die Züge von außer Betrieb befindlichen Kesseln wird in der Regel Luft eingesaugt.

Ekonomiser Greenscher Bauart mit selbsttätigen Kratzern zu 10—15 angenommen werden, für Ekonomiser ohne Kratzer zu 5—7. Bei Ekonomisern, deren Rohre innen und außen vollständig rein sind, erreicht man unter Umständen Wärmeübergangszahlen über 15. Derartig hohe Werte ergeben sich jedoch nur bei Versuchen. Im normalen Betrieb hingegen sind die Ekonomiserrohre stets mehr oder weniger verunreinigt. Ein Belag mit Ruß oder Flugasche hat aber gemäß S. 92, I. Teil, sofort eine erhebliche Verschlechterung des Wärmedurchgangs bzw. Verringerung der Wärmeübergangszahl zur Folge.

Die Wärmeübergangszahl hängt in erster Linie vom Wärmeübergang zwischen Heizgas und Rohrwand ab. Sie wächst mit zunehmender Heizgastemperatur und mit zunehmender Heizgasgeschwindigkeit. Dagegen ist die Wassergeschwindigkeit bzw. die Art der Wasserführung durch den Ekonomiser ohne wesentlichen Einfluß auf die Wärmeübergangszahl, wie sich neuerdings auf Grund von Versuchen herausgestellt hat. Dies leuchtet auch ohne weiteres ein, wenn man bedenkt, daß der Übergangswiderstand zwischen Rohrwand und Wasser ein sehr kleiner ist im Vergleich zu demjenigen zwischen Heizgas und Rohrwand, daß demnach die Wärmeübergangszahl hauptsächlich durch den letzteren beeinflußt werden muß.

Für gußeiserne Ekonomiser nach dem System Green kann die Heizfläche und Leistung angenähert nach folgenden Regeln bestimmt werden:

Die zu erwärmende Wassermenge möge eine Stunde lang mit den Heizgasen in Berührung bleiben. Da 1 Rohr einen Inhalt von 28 l und eine Heizfläche von 1 qm hat, so erhält man die Heizfläche des Ekonomisers in Quadratmetern, wenn man die stündlich zu erwärmende

Wassermenge in Litern mit 28 dividiert. Die Temperaturzunahme des Wassers beträgt hierbei ca. $^5/_8$ der Temperaturabnahme der Heizgase. Die letztere muß angenommen werden.

Diese überschlägige Rechnungsweise gilt jedoch nur für Heizgastemperaturen von 250—300° C. Bei höheren Temperaturen muß man mit dem Wärmedurchgangskoeffizienten rechnen. Letzteren kann man, um der Verschmutzung bzw. Verrußung der Rohre im Betrieb Rechnung zu tragen, zu 10—12 annehmen, bei Temperaturen über 350° C dagegen zu 14—15.

Beispiel I. Es seien stündlich 10 000 kg Wasser von 40° C in einem Ekonomiser vorzuwärmen. Die Temperatur der Rauchgase betrage 300° C vor und 180° C hinter dem Ekonomiser. Welches ist die Erwärmung des Wassers und wie groß ist die Heizfläche des Ekonomisers zu bemessen?
Unter Zugrundelegung einer 8,5fachen Verdampfung, welche bei guter Steinkohle für Kessel und Ekonomiser zusammen erreicht werden kann, ergibt sich der stündliche Kohlenverbrauch zu rund 1177 kg. Nimmt man pro Kilogramm Kohle 16 cbm Verbrennungsgase[1]) von 0,32 spezifischer Wärme an, so ergibt sich die durch Abkühlung der Rauchgase um 120° C freiwerdende Wärmemenge zu

$$0{,}32 \cdot 120 \cdot 1177 \cdot 16 = 723\,000 \text{ Kal.}$$

Nimmt man an, daß 5% dieser Wärmemenge durch Strahlung und Leitung verloren gehen bzw. daß der Wirkungsgrad des Ekonomisers 0,95 beträgt, so ergibt sich die zur Wassererwärmung verfügbare Wärmemenge zu

$$0{,}95 \cdot 723\,000 = 687\,000 \text{ Kal.}$$

Durch Division mit der stündlichen Wassermenge von 10 000 kg bestimmt sich die Erwärmung des Speisewassers zu rund 69° C. Das Speisewasser tritt sonach mit 109° C aus dem Ekonomiser aus (die Eintrittstemperatur in den Kessel beträgt bei isolierter Speiseleitung 2—3° C weniger).

[1]) Dies entspricht gemäß S. 130 einem Luftüberschuß von etwa 100%. Vgl. auch die Fußbemerkungen S. 52 und 53.

Nunmehr ergibt sich das mittlere Temperaturgefälle[1] zwischen Heizgasen und Wasser zu

$$\frac{300 + 180}{2} - \frac{40 + 109}{2} = \text{rund } 165^\circ \text{ C.}$$

Damit findet sich die Heizfläche des Ekonomisers unter Annahme eines Wärmedurchgangskoeffizienten von 12, wie er im Dauerbetrieb mit selbsttätigen Kratzern sicher erreicht werden kann, zu

$$F = \frac{687\,000}{12 \cdot 165} = 347 \text{ qm.}$$

Wendet man auf vorstehendes Beispiel die abgekürzte Rechnungsweise an, so würde sich die Heizfläche des Ekonomisers zu $\frac{10000}{28} = 357$ qm ergeben und die Temperaturzunahme zu $\frac{5}{8} \cdot 120 = 75^\circ$ C.

Mit Rücksicht auf die übliche Art der Ausführung[2]) würde etwa ein Ekonomiser von 320 Rohren zu wählen sein. Die Anordnung der Rohre kann hierbei in 4 Gruppen von je 8 × 10 Rohren erfolgen.

Beispiel II. In der Feuerung eines Schweißofens werden stündlich 310 kg Kohlen von folgender Beschaffenheit verfeuert:

1. Zusammensetzung des lufttrockenen Materials:

Wasser (Trockenverlust bei 110° C)	6,37%
Asche	1,82%
Brennbare Substanz	91,81%
	100,00%

2. Elementaranalyse des lufttrockenen Materials:

Kohlenstoff	78,04%
Wasserstoff	4,71%
Sauerstoff und Stickstoff	8,47%
Schwefel	0,59%
Asche	1,82%
Wasser	6,37%
	100,00%

---

[1]) Vgl. auch S. 52, letzter Absatz.
[2]) Vgl. S. 113.

Die kalorimetrische Untersuchung ergab einen Heizwert des lufttrockenen Materials vorstehender Zusammensetzung von 7354 Kal.

Eine andere Probe derselben Kohle ergab einen Heizwert von 7090 Kal. bei einem Aschengehalt von 5,92%.

Hinter dem Schweißofen liegt ein Einflammrohrkessel von 58 qm Heizfläche, der durch die abziehenden Verbrennungsprodukte der Schweißofenfeuerung geheizt wird und nach genauen Versuchen 13,68 cbm Wasser von 60° C in 12 Stunden verdampft. Die Verbrennungsprodukte treten mit einer Temperatur von 1200° C in den Kessel und verlassen ihn mit 450° C; ihr Kohlensäuregehalt beträgt im Mittel 13%.

Um die Wärme der Abgase weiterhin auszunützen, soll ein Überhitzer und ein Ekonomiser in die Anlage eingebaut werden. Wie groß ist der Überhitzer und der Ekonomiser zu bemessen, wenn der Dampf bei einem Überdruck von 7,5 Atm. auf 250° C zu überhitzen ist und wenn die Rauchgase bis auf 200° C (hinter dem Ekonomiser) herabgekühlt werden sollen?

Der Kessel hat stündlich 1140 kg Wasser von 60° C zu verdampfen. Die dem Dampfdruck von 7,5 Atm. entsprechende Sattdampftemperatur beträgt 172° C. Die Überhitzung ist sonach 78° C. Nimmt man eine Dampffeuchtigkeit von 3% an, so ergibt sich die gesamte an den Überhitzer abzugebende stündliche Wärmemenge wie folgt:

Verdampfungswärme des mitgerissenen Wassers[1]) .	0,03 · 1140 · 500 = 17 100 Kal.
Überhitzungswärme . . .	0,54 · 78 · 1140 = 48 000 Kal.
	zusammen 65 100 Kal.

Da der Kohlensäuregehalt der Rauchgase im Mittel 13% ist, so ergibt sich die pro Kilogramm Steinkohle entstehende Rauchgasmenge gemäß S. 35 im I. Teil zu

$$\frac{78{,}04}{0{,}536 \cdot 13} + \frac{9 \cdot 4{,}71 + 6{,}37}{0{,}804 \cdot 100} = 11{,}772 \text{ cbm.}$$

Die zur theoretisch vollkommenen Verbrennung, d. h. zur Verbrennung ohne Luftüberschuß erforderliche Luftmenge würde sich zu rund 8,5 cbm ergeben.

[1]) Hierbei wurde die Verdampfungswärme pro Kilogramm Wasser zu rund 500 Kal. angenommen. Genau genommen ist sie bei 7,5 Atm. 490 Kal. Vgl. auch die Fußbemerkungen S. 50 und 51.

Schätzt man die Eintrittstemperatur der Rauchgase in den Überhitzer zu 600° C und nimmt einen Strahlungsverlust von 10% an, so ergibt sich die Rauchgastemperatur x hinter dem Überhitzer aus der Gleichung

$$0{,}32 \cdot (600 - x) \cdot 310 \cdot 11{,}772 \cdot 0{,}9 = 65\,100$$

zu $x = 538°$ C.

Es beträgt sonach die mittlere Rauchgastemperatur 569° C. Da die mittlere Dampftemperatur 211° C ist, so findet sich die Heizfläche des Überhitzers mit $k = 15$ zu

$$\frac{65\,100}{15 \cdot (569 - 211)} = 12 \text{ qm.}$$

Nimmt man an, daß die Heizgase nach Passieren der Außenzüge mit einer Temperatur von 300° C vor dem Ekonomiser ankommen, so würde ein Temperaturgefälle von 100° C zur Verfügung stehen. Schätzt man den Verlust durch Strahlung und Leitung zu 10%, so ergibt sich die Temperatur y des Speisewassers hinter dem Ekonomiser aus der Gleichung

$$0{,}32 \cdot 100 \cdot 310 \cdot 11{,}772 \cdot 0{,}9 = 1140\,(y - 60)$$

zu $y = 153°$ C.

Da sonach die mittlere Wassertemperatur 106,5° C und die mittlere Heizgastemperatur 250° C beträgt, so ist das mittlere Temperaturgefälle zwischen Heizgasen und Wasser rund 144° C. Die Heizfläche des Ekonomisers bestimmt sich nunmehr zu

$$F = \frac{1140 \cdot (153 - 60)}{12 \cdot 144} = \text{rund } 61 \text{ qm}^{1)},$$

wobei der Wärmedurchgangskoeffizient zu 12 angenommen wurde. Mit Rücksicht auf die übliche Art der Ausführung[2]) wird man einen Ekonomiser mit 64 Rohren wählen. Die Anordnung der Rohre kann hierbei in 2 Gruppen von 8 × 4 Rohren erfolgen, oder auch in 1 Gruppe von 16 × 4 Rohren.

---

1) Diese Heizfläche ist sehr reichlich. In der Regel ist die Heizfläche des Ekonomisers kleiner als diejenige des Kessels.

2) Vgl. S. 113.

4. Heizfläche von Abdampf-Vorwärmern.

Es liegt im Interesse der Wirtschaftlichkeit, den Abdampf der Speisepumpen, sowie event. denjenigen der Maschine zur Vorwärmung des Speisewassers auszunützen, denn je wärmer das Wasser in den Kessel kommt, desto weniger Wärme ist zu seiner Verdampfung aufzuwenden[1]). Die Vorwärmer bestehen meist aus zylindrischen Behältern, welche ihrer Länge nach von Messing- oder Kupferrohren durchzogen sind. Das zu erwärmende Wasser strömt hierbei durch die Röhren, während der Dampf die letzteren umspült, oder umgekehrt.

Beim Heizen mit Maschinen-Auspuffdampf erreicht man Wassertemperaturen bis etwa 90° C und mit Vakuumdampf solche bis ca. 50° C, je nach der Höhe des Vakuums. Hierbei kann das Gewicht des zu erwärmenden Wassers ein Mehrfaches vom Dampfgewicht sein. Man berechnet deshalb die Vorwärmer meist für eine größere Speisewassermenge, etwa die doppelte. Es wird dadurch gleichzeitig dem Umstand Rechnung getragen, daß das Speisen nie ganz regelmäßig erfolgt. Bedeuten

W die stündlich zu erwärmende Wassermenge in Kilogramm,

D die verfügbare stündliche Dampfmenge in Kilogramm,

t_e die Eintrittstemperatur des Wassers in Grad C,

t_a die Austrittstemperatur des Wassers in Grad C,

k den Wärmedurchgangskoeffizienten, d. i. der stündliche Wärmedurchgang pro Grad Temperaturdifferenz durch 1 qm Heizfläche (bzw. Kühlfläche bei Kondensatoren),

F die Heizfläche (Kühlfläche) in Quadratmetern,

---

[1]) Vgl. S. 109.

T_1 die Eintrittstemperatur des Heizdampfs in Grad C,
T_2 die Temperatur des austretenden Dampfwassers,
J den Wärmeinhalt pro Kilogramm Heizdampf in Kal.,
so ergibt sich

$$W = \frac{J - T_2}{t_a - t_e} D\,.$$

Die Heizfläche des Vorwärmers bestimmt sich aus der allgemeinen Gleichung auf S. 90, I. Teil, unter Berücksichtigung des mittleren Temperaturgefälles zu

$$F = \frac{W (t_a - t_e)}{k} \, \frac{\ln \dfrac{T_1 - t_e}{T_2 - t_a}}{(T_1 - t_e) - (T_2 - t_a)}\,.$$

Hierbei ist $T_2 - t_a$ erfahrungsgemäß etwa 5—6° C[1]). Ein geringeres Temperaturgefälle bis herab auf 2° C ließe sich nur durch sehr große Wassergeschwindigkeit oder durch Anwendung der sog. Wirbelstreifen von Josse erzielen.

Der Koeffizient k ist veränderlich. Er hängt in erster Linie von der Wassergeschwindigkeit ab und nur in ganz geringem Maße von dem Material und der Stärke der Rohrwand (Heizfläche). Auch die Dampfgeschwindigkeit hat nur geringen Einfluß auf k. Dagegen kann k durch im Dampf enthaltene Luft erheblich beeinflußt werden, da der Wärmeübergang von Luft an Metall ein schlechter ist. Dies kommt insbesondere bei Vorwärmung mittels Vakuumdampf in Betracht. Der Wärmeübergangskoeffizient von Luft an Messing oder Kupfer ist hier nur etwa 1—5.

---

[1]) Bei entsprechender Konstruktion und bei Gegenstromanordnung des Vorwärmers kann es allerdings sein, daß die Temperatur des abfließenden Dampfwassers gleich oder kleiner ist als diejenige des erwärmten Wassers, d. h. $T_2 \leqq t_a$. In diesem Fall gilt jedoch die Gleichung für F nicht mehr.

Die ungefähre Zunahme der Wärmeübergangszahl k mit der Wassergeschwindigkeit veranschaulichen die folgenden Zahlen:

$v = 0{,}3$	0,7	1	2 m
$k = 400$	800	1300	2500

Werden Wirbelstreifen angewendet, so können obige Werte für k auf ein Vielfaches steigen. Mit der Wassergeschwindigkeit sollte man, zwecks Erzielung eines guten Wärmeübergangs, möglichst hoch gehen, keinesfalls jedoch über 2 m pro Sek., da sonst die Widerstände zu stark anwachsen und die Wasserpumpe zu viel Kraft verzehrt. Bei den ausgeführten Vorwärmern sind meist nur Geschwindigkeiten von 0,1—0,5 m angewendet. Damit hängt es auch zusammen, daß die Wärmeübergangszahl nur Werte von 400—500 erreicht. Wird aber durch entsprechende Wasserführung die Geschwindigkeit erhöht, so kann man ohne weiteres Werte von $k = 1000$ und darüber erreichen[1]).

Die vorstehende Formel gilt sowohl für gespannten Dampf, als auch für Auspuff- und Vakuumdampf. Nur ändert sich die Wärmeübergangszahl k entsprechend. Je größer die Spannung des Dampfes ist, um so größer wird k. Aus diesem Grunde ist k für Auspuffdampf etwas größer als für Vakuumdampf.

Die dampfberührte Heizfläche des Vorwärmers wird häufig auch nach einer Faustregel $^1/_{14}$—$^1/_{12}$ der Kesselheizfläche gemacht und der Fassungsraum $^1/_5$—$^1/_4$ der stündlichen Speisewassermenge. Wird das Wasser durch die Röhren geführt, so nimmt man wohl auch nur die Hälfte dieses Fassungsraums.

[1]) Alle diese Angaben beziehen sich auf gesättigten Dampf. Bei überhitztem Dampf ist k wesentlich kleiner, da derselbe ein schlechterer Wärmeleiter ist.

Zum Schluß sei noch der Großwasserraum-Vorwärmer gedacht. Dieselben empfehlen sich dort, wo eine gewisse Stetigkeit in der Wassertemperatur gewünscht wird. Dies trifft z. B. bei Badeanstalten, Brauereien usw. zu, für den Kesselbetrieb hingegen sind Schwankungen in der Wassertemperatur belanglos.

Beispiel I. Zum Betrieb einer Auspuffmaschine seien stündlich 10 000 kg Dampf bzw. Speisewasser notwendig. In die Abdampfleitung soll ein Vorwärmer eingebaut werden, um die Temperatur des Speisewassers von 12 auf 90° C zu erhöhen. Welcher Teil des Abdampfs ist hierzu erforderlich und wie groß muß die Heizfläche des Vorwärmers bemessen werden?

Die erforderliche stündliche Dampfmenge ist

$$D = \frac{90 - 12}{640 - 95} \cdot 10\,000 = 1431 \text{ kg.}$$

Hierbei wurde der Wärmeinhalt des Dampfes zu rund 640 Kal., seine Temperatur zu 100° C und die Temperatur des Dampfwassers zu 95° C angenommen. Es ist sonach nur ein Bruchteil des im ganzen verfügbaren Abdampfes zur Vorwärmung des Speisewassers erforderlich.

Die Wassermenge, welche durch den gesamten verfügbaren Abdampf erwärmt werden könnte, bestimmt sich zu

$$W = \frac{640 - 95}{90 - 12} \cdot 10\,000 = 69\,870 \text{ kg.}$$

Die Heizfläche des Vorwärmers ergibt sich mit $k = 1000$ zu

$$F = \frac{10\,000\,(90 - 12)}{1000} \; \frac{\ln \frac{100 - 12}{95 - 90}}{(100 - 12) - (95 - 90)} = 26{,}95 \text{ qm.}$$

Soll der Vorwärmer für die doppelte Speisewassermenge bemessen werden, so ist seine Heizfläche auf rund 54 qm zu erhöhen.

In diesem sowie auch im folgenden Beispiel wurde keine Rücksicht darauf genommen, daß ein Teil der Dampfwärme durch Strahlung bzw. Leitung in die Umgebung des Vorwärmers entweicht. Es werden deshalb in Wirklichkeit die im Maximum zu erwärmenden Wassermengen etwas geringer ausfallen, als nach der Rechnung.

Beispiel II. Zum Betrieb einer Kondensationsmaschine werden stündlich 10 000 kg Dampf verbraucht. In die Abdampfleitung soll zwischen Niederdruckzylinder und Kondensator ein Röhrenvorwärmer eingeschaltet werden, welcher zur Vorwärmung des Speisewassers sowie zur Erzeugung von 20 000 kg Warmwasser für Fabrikationszwecke bestimmt ist. Um wieviel kann die Temperatur des zur Verfügung stehenden Brunnenwassers von 12° C erhöht werden, wenn das Vakuum im Kondensator 90% beträgt und wie groß ist die Heizfläche des Vorwärmers zu bemessen?

Einem Vakuum von 90% entspricht eine Dampfspannung von 0,10 Atm. abs. bzw. eine Dampftemperatur von 45,6° C (gemäß Zahlentafel S. 7 im I. Teil). Da erfahrungsgemäß die Temperatur des erwärmten Wassers um 5—6° C unter der Dampftemperatur bleibt, so kann das Wasser bis auf ca. 40° C erwärmt werden. Bei einem Vakuum von 85% bzw. einer Dampftemperatur von 53,7° C ließe sich eine Wassertemperatur von 48—49° C erreichen.

Die gesamte Wassermenge, welche durch den Abdampf erwärmt werden kann, ergibt sich zu .

$$W = \frac{616 - 45{,}6}{40 - 12} \cdot 10\,000 = 203\,700 \text{ kg}$$ [1]).

Da pro Stunde 10 000 kg Speisewasser und 20 000 kg Fabrikationswasser, also insgesamt nur 30 000 kg zu erwärmen sind, so wird nur ein geringer Teil des verfügbaren Abdampfes zur Wassererwärmung ausgenützt, nämlich

$$D = \frac{40 - 12}{616 - 45{,}6} \cdot 30\,000 = 1470 \text{ kg.}$$

Die Heizfläche des Vorwärmers ergibt sich mit $k = 1000$ zu

$$F = \frac{30\,000\,(40 - 12)}{1000} \cdot \frac{\ln \dfrac{45{,}6 - 12}{45{,}6 - 40}}{(45{,}6 - 12) - (45{,}6 - 40)} = \text{rund } 54 \text{ qm.}$$

[1]) Die Eintrittstemperatur des Dampfes und die Austrittstemperatur des Dampfwassers können hier mit genügender Genauigkeit gleich groß angenommen werden, d. h. $T_1 = T_2 = 45{,}6°$ C.

Beim vorigen Beispiel hätte man zur Vorwärmung von 30000 kg Wasser von 12 auf 90° C eine Heizfläche von $3 \cdot 26{,}95 =$ rund 80 qm nötig gehabt. Die höhere Erwärmung bedingt hier unter sonst gleichen Verhältnissen eine größere Heizfläche.

Wandstärke der Kessel.

Denkt man sich den Kessel als gewöhnlichen Hohlzylinder (was bei geschweißtem Mantel auch wirklich zutrifft), dessen Wandstärke s klein ist im Verhältnis zum lichten Durchmesser D, so ergibt sich bei einem größten inneren Überdruck von p kg/qcm die Beanspruchung des Kesselmantels angenähert wie folgt:

Die Längsbeanspruchung infolge des Dampfdrucks auf die beiden Kesselböden beträgt

$$\sigma_1 = \frac{P}{f} = \frac{\frac{D^2 \pi}{4} \cdot p}{D \cdot \pi \cdot s} = \frac{D \cdot p}{4 s}.$$

Die Querbeanspruchung, welche durch den Dampfdruck auf die Mantelfläche entsteht, beträgt

$$\sigma_2 = \frac{D \cdot l \cdot p}{2 \cdot l \cdot s} = \frac{D \cdot p}{2 s}.$$

Die Querbeanspruchung σ_2 ist demnach doppelt so groß als die Längsbeanspruchung σ_1, d. h. ein zu schwach bemessener Kessel wird nach einer Mantellinie aufreißen[1]). Es ist deshalb Regel, daß man die Faserrichtung der Bleche, in welcher dieselben am widerstandsfähigsten sind, in den Kreisumfang legt.

Bei genietetem Kesselmantel liegt die schwächste Stelle in der Längsnietnaht. Man hat deshalb bei der

[1]) Die Längsbeanspruchung ist in Wirklichkeit größer als oben ermittelt, da liegende Kessel wie Träger auf Biegung beansprucht werden und da einseitige Erwärmung erhöhte Spannungen hervorrufen kann.

Berechnung der Wandstärke eines Kessels von dieser auszugehen. Hierbei darf die Zugbeanspruchung des Blechs in keiner Nietreihe die auf S. 19 angegebenen Höchstwerte überschreiten. Auch darf gemäß S. 19 die Blechdicke nicht geringer als 7 mm genommen werden.

Bezüglich der Wandstärke von Kesselböden und von Flammrohren sei auf S. 20 bis 30 verwiesen.

Da die einzelnen Kesselteile im Betrieb verschieden hohe Temperaturen annehmen, so haben sie das Bestreben, sich verschieden stark auszudehnen. Bei öfterem In- und Außerbetriebsetzen des Kessels hat man ein förmliches Gegeneinanderarbeiten der einzelnen Teile. Hierbei entstehen innerhalb der Konstruktion bedeutende Kräfte, welche Deformationen und im schlimmsten Fall den Bruch einzelner Teile zur Folge haben können. Da diese Kräfte naturgemäß mit der Blechdicke zunehmen, so sollte man bei Dampfkesseln nicht stärker dimensionieren als notwendig.

Abmessungen der Kesselbleche.

Bei Bestimmung der Blechabmessungen sind in erster Linie die von den deutschen Grobblechwalzwerken berechneten „Grundpreise", sodann aber auch die Einrichtungen der betreffenden Kesselschmiede zu berücksichtigen[1]). Bei Überschreitung gewisser Abmessungen und Gewichte werden besondere Überpreise berechnet.

Als Einheitsgewicht der Bleche gilt für den Quadratmeter Fläche bei 1 mm Dicke 8 kg. Maßgebend für Abweichungen in Länge, Breite, Dicke und Gewicht sind die „Vorschriften für Lieferung von Eisen und Stahl,

[1]) Je mangelhafter die Einrichtung der Kesselschmiede ist, mit desto kleineren Blechen muß man sich begnügen. Während man sonst bestrebt ist, mit einer Längsnaht auszukommen, erhält man hier 2, unter Umständen auch 3 Nähte, je nach dem Kesseldurchmesser.

aufgestellt vom Verein deutscher Eisenhüttenleute, Düsseldorf 1910". Für die härteren Bleche der Landdampfkessel wird auf den Grundpreis für Kesselblech ein Aufpreis berechnet. Für Flußeisenbleche, die zu Böden, Hauben, Deckeln u. dgl. verarbeitet, die geflanscht, ausgetrieben oder sonstwie gebördelt, sowie die geschweißt werden sollen, wird Kesselblechqualität verwendet und berechnet.

Der Grundpreis gilt für folgende normale Maße und Gewichte:

Bei einer Dicke von	Breite und Durchmesser bis zu mm	Fläche bis zu qm	Gewicht bis zu kg
7 bis unter 8 mm	1800	8	700
8 „ „ 9 „	1900	9	800
9 „ „ 10 „	2000	10	900
10 „ „ 15 „	2200	12	1250
15 „ „ 25 „	2400	15	2500
25 mm und darüber	2700	20	3500

Überpreise für Maß und Gewicht. Bei Überschreitung der vorstehenden normalen Maße und Gewichte werden Überpreise berechnet, und zwar bei Überschreitung:

a) der normalen Breite bzw. des Durchmessers für je angefangene 25 mm . . 1 *M* pro 1000 kg,
b) der normalen Fläche für jeden angefangenen 0,1 qm . . . . 0,5 *M* pro 1000 kg,
c) des normalen Gewichts für je angefangene 100 kg . . . . 1 *M* pro 1000 kg.

Vereinbarung der Überpreise bleibt vorbehalten: 1) für rechtwinklige, runde und Skizzenbleche von weniger als

$^1/_4$ qm Fläche; der Überpreis beträgt neben den sonst etwa in Betracht kommenden Überpreisen mindestens 10% des maßgebenden Grundpreises; 2) für Bleche, die wegen ihrer ungewöhnlich großen Länge im Verhältnis zur Breite und Dicke in der Herstellung besondere Schwierigkeiten verursachen.

Überpreise für Form. Runde und halbrunde Bleche werden mit einem Überpreis von 20% berechnet über dem Preise, der sich nach dem Aufschlage für Maß und Gewicht der fertigen Scheibe ergibt.

Sonstige Formbleche werden als rechtwinklige Platten berechnet unter Vergütung von *M* 50.— für 1000 kg für den entfallenden Schrott. Ausgenommen davon sind Formbleche von weniger als 1000 mm Länge und weniger als 1000 mm Breite (Knotenbleche); hierfür bleibt Vereinbarung eines mindestens um 10% höheren Preises vorbehalten. Bleche mit einem Gesamtschrägschnitt bis zu 70 mm und einer Bogenhöhe von nicht über 50 mm werden als Formbleche nicht angesehen.

Über die zulässigen Abweichungen der Kesselbleche in der Dicke enthalten die Materialvorschriften nähere Angaben.

Bezüglich der Böden für Ein- und Zweiflammrohrkessel sei bemerkt, daß dieselben in der Regel mit Einhalsungen gemäß Fig. 24 im I. Teil versehen werden. Aushalsungen (Fig. 8 im I. Teil) erfordern nämlich längere und daher teuerere Flammrohre. Zudem haben dieselben den Nachteil, daß sich zwischen den Flamm rohren und den Aushalsungen enge Zwischenräume ergeben, die sich leicht mit Kesselstein zusetzen. Es können deshalb die betreffenden Blechpartien unter Umständen überhitzt werden.

Nietverbindungen.

Allgemeines.

Die Verbindung der Kesselbleche erfolgt meist durch Nieten, seltener durch Schrauben oder Schweißen[1]). Die Verbindung mit Hilfe von Nieten nennt man „Vernietung".

Die Nieten bestehen aus bestem zähem Flußeisen, seltener Schweißeisen. Sie sind an den Enden mit Köpfen versehen. Der zylindrische Teil *c* der Niete (Fig. 24) heißt „Schaft". Derjenige Kopf *a*, welcher vor dem Einbringen der Niete in das Nietloch schon vorhanden ist, heißt „Setzkopf"; derjenige dagegen, welcher durch Zusammenstauchen des ursprünglich über das Blech *d* hinausragenden Schafts gebildet wird, heißt „Schließkopf". Dieses Zusammenstauchen, Nieten genannt, darf bei Dampfkesselnietungen nur im glühenden Zustand der Niete erfolgen[2]). Dadurch verhindert man eine Schädigung des Nietmaterials in seiner Zähigkeit und erreicht zudem, daß sich die Niete beim Erkalten zusammenzieht und dabei die Bleche fest aneinander preßt, was insbesondere für Dampfkesselnietungen wertvoll ist, da dieselben nicht nur fest, sondern auch durchaus dampfdicht sein müssen. Bei zu langen Nieten kann

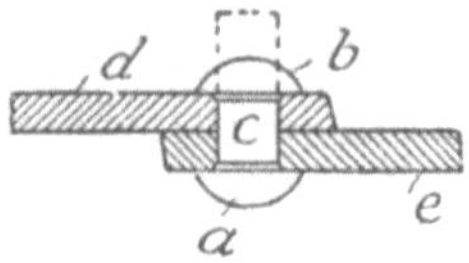

Fig. 24. Nietverbindung.

[1]) Es gibt zwar auch nahtlos gewalzte Kesselschüsse. Deren Verwendung an Stelle der genieteten scheitert jedoch daran, daß in der Regel ein nachträgliches Zusammenpassen der nahtlosen Schüsse unter sich und mit den Böden notwendig ist. Zudem ist der nahtlose Schuß wenigstens derzeitig auch nicht billiger als der genietete. Bei größeren Durchmessern stellt sich der erstere sogar teurer.

[2]) Bisweilen wendet man für andere Zwecke auch kalte Nietung an, wobei die Nieten vor ihrem Einbringen und Stauchen nicht erwärmt werden.

die Zusammenziehung allerdings so stark werden, daß ein Abspringen des Kopfes eintritt. Man soll deshalb die Nietlänge nie größer als ca. $4 \cdot d$ werden lassen.

Früher erfolgte das Schlagen der Nieten ausschließlich durch Handnietung, welche man lange Zeit der Maschinennietung überlegen wähnte. Es mag dies in früheren Jahren auch zugetroffen haben. Heute aber darf als feststehend gelten, daß die Maschinennietung nicht nur ebensogut, sondern sogar noch besser ist als die Handnietung[1]). Man arbeitet hierbei mit hydraulischen oder pneumatischen Nietmaschinen, deren Stempel man so lange gegen die fertig gepreßte Niete drücken läßt, bis diese anfängt schwarz zu werden. Früher glaubte man, bei Maschinennietung in erster Linie auf möglichste Zeitersparnis ausgehen zu müssen und zog den Preßstempel sofort nach Bildung des Schließkopfs zurück. Die Niete war alsdann noch glühend und, anstatt sich beim allmählichen Abkühlen zusammenzuziehen, und die Bleche anzupressen, gab sie selbst nach. Wenn daher früher die Maschinennietung keine so dichte Verbindung lieferte wie die Handnietung, so lag dies nur an dem zu kurzen Verweilen des Stempels auf der Niete. Denn auch bei der Handnietung wird so lange gehämmert, bis das Schwarzwerden der Niete eintritt.

Zur Erzielung eines durchaus dampfdichten Fugenschlusses muß jede Vernietung verstemmt werden. Das Verstemmen besteht darin, daß mit Hilfe eines Meißels m bzw. m_1 (Fig. 25) Schläge in der Richtung der Pfeile gegen den Blechlappen und den Nietrand geführt werden. Der Blechlappen wird hierbei etwas zusammengestaucht

---

[1]) Dies kommt auch in den Vorschriften auf S. 19 zum Ausdruck, wo für Maschinennietung ein kleinerer Sicherheitsgrad, d. h. eine kleinere Wandstärke zugelassen ist als für Handnietung.

bzw. verbogen und nimmt die punktierte Form an. Dabei preßt er sich mit seiner Kante scharf gegen das Blech und erzeugt so einen dichten Fugenschluß. Vernietungen, welche Stellen aufweisen, die sich nicht verstemmen lassen, sind fehlerhaft. Natürlich ist dieses Verstemmen in Fällen, wo es nicht auf Dichtheit ankommt, wie z. B. bei Eisenkonstruktionen, überflüssig.

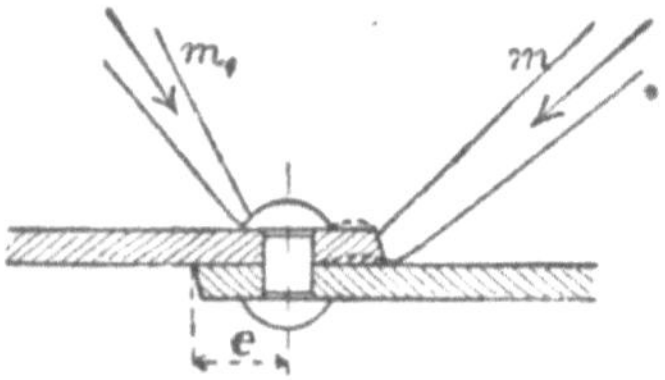

Fig. 25. Verstemmen von Nietverbindungen.

Die Dimension *e* (Fig. 25) darf ein gewisses Maß nicht überschreiten, weil der Blechlappen sonst beim Verstemmen federt, anstatt sich in der angegebenen Weise zu deformieren und gegen das Unterblech anzupressen.

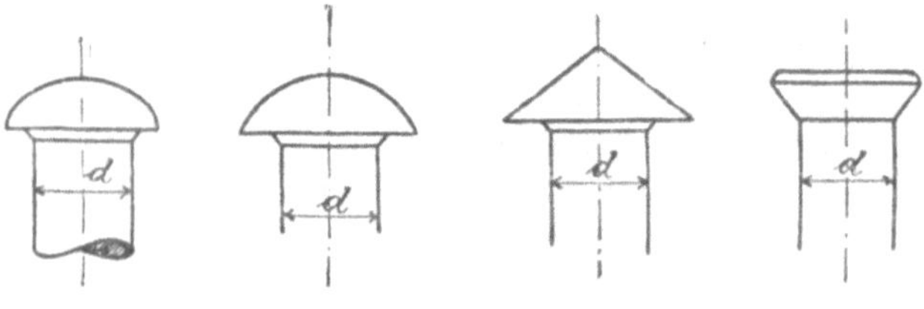

Fig. 26—29. Verschiedene Nietkopfformen.

Die verschiedenen Formen, in welchen die Nietköpfe ausgeführt werden, zeigen die Fig. 26—29. Die bei uns gebräuchlichste Kopfform ist diejenige in Fig. 27. Fig. 29 stellt einen sog. versenkten Kopf dar.

Die Herstellung der Nietlöcher kann durch Bohren oder durch Stanzen, d. i. Auspressen mittels Stempels, erfolgen. Letzteres ist wesentlich billiger, ergibt aber auch eine weniger solide Arbeit, insbesondere wenn die Löcher nach dem Stanzen nicht genügend nachgerieben werden. Heute werden die Löcher in jeder besseren Dampfkesselfabrik gebohrt, zumal dann ein geringerer Sicherheitsgrad, d. h. eine kleinere Blechstärke zulässig ist[1]).

Die verschiedenen Arten der Vernietung sind aus den Fig. 30—38 ersichtlich. So zeigen:

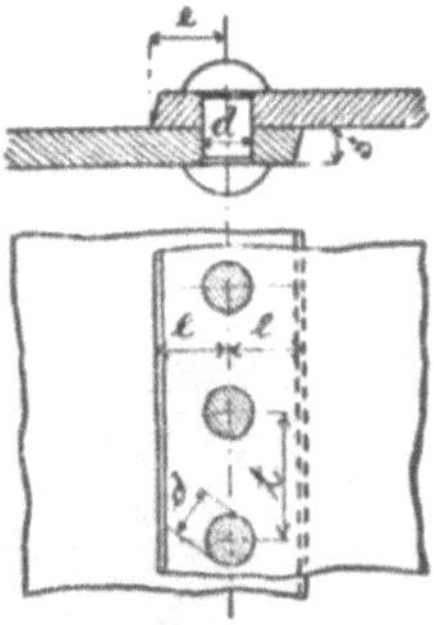

Fig. 30. Einreihige Überlappungsnietung.

Fig. 30 die gewöhnliche einreihige Überlappungsnietung,
Fig. 31 die zweireihige Überlappungsnietung (rationeller ist es, die Nieten in Zickzackform gemäß Fig. 32 anzuordnen),
Fig. 33 die dreireihige Überlappungsnietung,
Fig. 34 die einreihige Doppellaschennietung[2]),
Fig. 35 die zweireihige Doppellaschennietung,
Fig. 36 die dreireihige Doppellaschennietung.

Vierreihige Nietungen kommen nur bei großen Schiffskesselmänteln vor.

Bei der Nietung Fig. 36 sind die Laschen ausgeschnitten, um ein gutes Verstemmen derselben zu ermöglichen. Überschreitet nämlich die Nietteilung den Wert 8 d, so federt das Blech beim Verstemmen und ergibt keinen dichten Fugenschluß mehr.

Fig. 37 stellt eine Nietverbindung zweier Kesselschüsse dar, und zwar an der Stelle, wo die Längsnaht

[1]) Vgl. die Vorschriften S. 20.
[2]) Die Doppellaschennietungen werden auch als zweischnittige Vernietungen bezeichnet, da bei einer Zerstörung derselben jede Niete in zwei Querschnitten abgeschert wird.

an die Rundnaht anschließt. Das mittlere Blech muß hierbei durch Ausschmieden zugeschärft werden, da sich andernfalls kein dichtes Schließen der Vernietung er geben würde.

Berechnung der Vernietungen.

Die Berechnung der Nietverbindungen geschah früher ausschließlich auf Schub- bzw. Scherfestigkeit. Man ging hierbei von der Annahme aus, daß die Kraftübertragung durch Anlegen der Lochleibung an die Niete erfolge. Durch C. v. Bach wurde zuerst darauf hingewiesen, daß sich die Nieten überhaupt nicht an die Lochwandung anlegen, da sie das Nietloch nur beim Einbringen, d. h. im glühenden Zustand annähernd ausfüllen, beim allmählichen Erkalten aber sich zusammenziehen, so daß ein Spielraum zwischen Niete und Loch entsteht. Bach wies nach, daß es der durch die Zusammenziehung der Nieten erzeugte Gleitwiderstand ist, welcher die Kraft von der einen Platte auf die andere überträgt, und erst wenn dieser Gleitwiderstand überwunden ist — was im Falle von einreihigen Überlappungsnietungen bei Kräften eintritt, die, auf das Quadratzentimeter Nietquerschnitt reduziert, 1000 bis 1800 kg und darüber betragen —, tritt ein Nachgeben bzw. Gleiten der Verbindung ein, so lange, bis

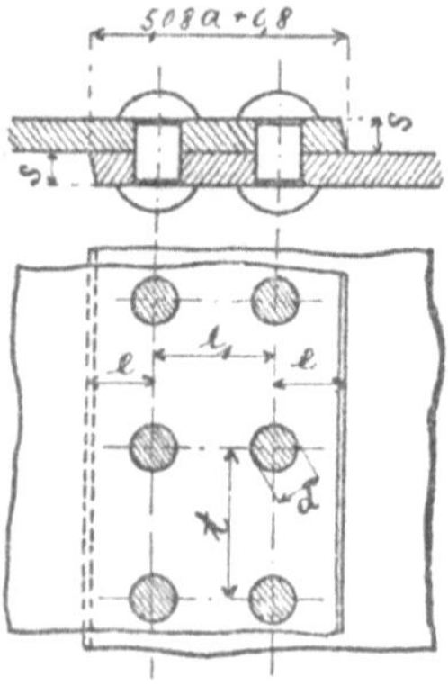

Fig. 31. Zweireihige Überlappungsnietung (Kettennietung).

die Lochwandung sich an die Niete anlegt[1]). Aber selbst jetzt wäre es falsch, in der Folge eine Scherbeanspruchung der Nieten anzunehmen, weil deren Inanspruchnahme vorherrschend durch Biegung geschieht. Und zwar ist leicht einzusehen, daß auch diese für die einzelnen Nieten verschieden ausfallen wird, da die

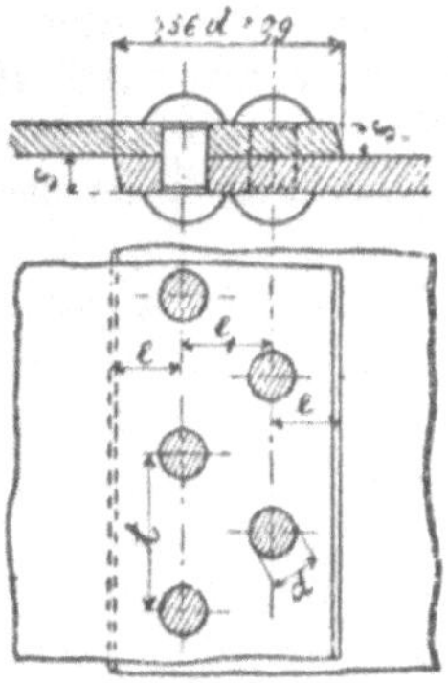

Fig. 32. Zweireihige Überlappungsnietung mit versetzten Nieten (Zickzacknietung).

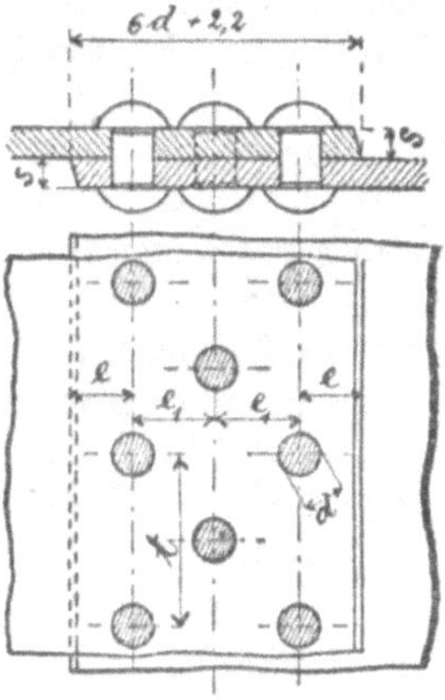

Fig. 33. Dreireihige Überlappungsnietung.

letzteren nach erfolgtem Gleiten nicht alle gleichmäßig zum Anliegen an die Lochwand kommen.

C. v. Bach berechnet deshalb die Nietverbindungen auf Grund des Gleitwiderstandes. Wo dieser einmal überwunden ist, da ist die Nietverbindung bereits überangestrengt und ein Undichtwerden bzw. Lecken derselben die unmittelbare Folge.

Bei Wahl des Nietdurchmessers ist folgendes zu be-

[1]) Hierbei ist einseitige Verstemmung zugrunde gelegt. Bei doppelseitiger Verstemmung ist der Gleitwiderstand noch höher.

rücksichtigen: Die Niete darf zur Erzeugung eines genügenden Anpressungsdrucks eine gewisse Stärke nicht unterschreiten. Andernteils wäre es auch falsch, eine geringe Anzahl von lauter starken Nieten zu verwenden, weil dadurch der Abstand von Niet zu Niet, die sog. Teilung, zu groß und deshalb das Verstemmen und das Dichthalten der Nietnaht erschwert, wenn nicht unmöglich gemacht würde. Der Nietdurchmesser d muß sonach in einem bestimmten Verhältnis zur Blechdicke s stehen. Nähere Angaben hierüber enthält die Tabelle auf S. 76. Aus dieser Tabelle ist auch die Teilung, die zulässige Belastung pro Quadratzentimeter Nietquerschnitt usw. zu entnehmen.

Was die Teilung betrifft, so darf dieselbe eine gewisse Größe nicht unterschreiten mit Rücksicht auf die Herstellung des Schließkopfs. Nach oben hin wird die Teilung durch die Rücksicht auf das Verstemmen der Bleche begrenzt.

Bei der Berechnung einer Nietverbindung kann man in der Weise verfahren, daß man die Blechstärke s schätzt und alsdann auf Grund der Tabelle den Nietdurchmesser d und die Teilung t ermittelt[1]). Nunmehr bestimmt man die Spannung σ_v im vollen Blech und überzeugt sich davon, ob die Gleichung $2\,s\,\sigma_v = D\,p$ erfüllt ist[2]). Wenn hierbei die linke Seite kleiner ausfällt als die rechte, so ist die Blechstärke s zu klein angenommen worden.

Es ist sodann noch zu kontrollieren, ob die Zugbeanspruchung k_z des Bleches an der schwächsten Stelle, d. h. in der Nietnaht, das zulässige Maß nicht über-

[1]) Diese Art der Berechnung ist vielleicht für Anfänger die bequemste. Im übrigen geht man jedoch meist von der zulässigen Nietbelastung und Blechbeanspruchung aus.

[2]) Vgl. S. 64.

schreitet[1]). Die Zugbeanspruchung in der Nietnaht ergibt sich zu

$$k_z = \frac{0{,}5\,p\,D\,t}{(t-d)\,s} = \frac{0{,}5\,p\,D}{\frac{t-d}{t}\,s}.$$

Hierbei ist angenommen, daß die volle zu übertragende Kraft auf die Nietnaht wirkt. In Wirklichkeit ist aber

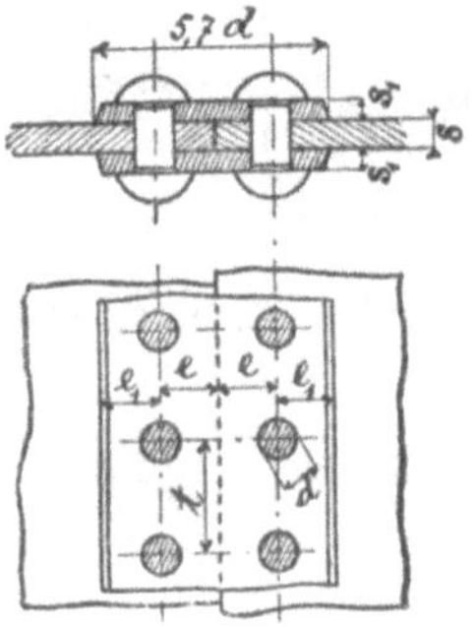

Fig. 34. Einreihige Doppellaschennietung (zweischnittig).

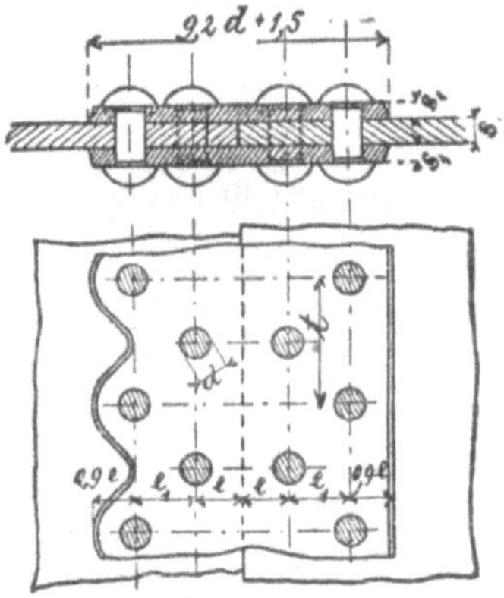

Fig. 35. Zweireihige Doppellaschennietung (zweischnittig).

eine geringere Kraft wirksam, da bis zur Mitte der Nietnaht bereits ein Teil der Kraft durch Reibung übertragen wird.

Da bei der Laschennietung die Reibung in zwei Flächen auftritt, so besitzt dieselbe eine größere Widerstandsfähigkeit pro Quadratzentimeter Nietquerschnitt als die Überlappungsnietung. Dazu kommt noch, daß die bei letzterer auftretende Biegungsbeanspruchung des Blechs wegfällt, weshalb gemäß S. 19 für die Laschen-

[1]) Vgl. S. 19.

Abmessungen der

Art der Vernietung	Zulässige Belastung in kg bez. auf 1 qcm Nietquerschnitt[1])	Niet-Durchmesser in cm d
Überlappungs-Nietungen (einschnittig):		
1. einreihige (Fig. 30)	600—700	$\sqrt{5s} - 0,4$
2. zweireihige (Fig. 31)	550—650	$\sqrt{5s} - 0,4$
3. „ (Fig. 32)	550—650	$\sqrt{5s} - 0,4$
4. dreireihige (Fig. 33)	500—600	$\sqrt{5s} - 0,4$
Doppellaschen-Nietungen (zweischnittig):		
1. einreihige (Fig. 34)	1000—1200	$\sqrt{5s} - 0,5$
2. zweireihige (Fig. 35)	950—1150	$\sqrt{5s} - 0,6$
3. dreireihige (Fig. 36)	900—1100	$\sqrt{5s} - 0,7$

[1]) Nach der früher üblichen Rechnungsmethode entspricht dies der zulässigen Scherbeanspruchung der Nieten.

Dampfkessel-Nietungen[1]).

Niet-Teilung in cm t	Randabstand in cm e	Entfernung in cm e_1	Laschendicke in cm s_1	Spannung im vollen Blech in kg/qcm σ_v
$2\,d + 0{,}8$	$1{,}5\,d$	—	—	$600\,\frac{\frac{\pi}{4}d^2}{s\,t}$ bis $700\,\frac{\frac{\pi}{4}d^2}{s\,t}$
$2{,}6\,d + 1{,}0$	$1{,}5\,d$	$0{,}8\,t$	—	$550\,\frac{\frac{\pi}{4}d^2}{\frac{s\,t}{2}}$ bis $650\,\frac{\frac{\pi}{4}d^2}{\frac{s\,t}{2}}$
$2{,}6\,d + 1{,}5$	$1{,}5\,d$	$0{,}6\,t$	—	$550\,\frac{\frac{\pi}{4}d^2}{\frac{s\,t}{2}}$ bis $650\,\frac{\frac{\pi}{4}d^2}{\frac{s\,t}{2}}$
$3\,d + 2{,}2$	$1{,}5\,d$	$0{,}5\,t$	—	$500\,\frac{\frac{\pi}{4}d^2}{\frac{s\,t}{3}}$ bis $600\,\frac{\frac{\pi}{4}d^2}{\frac{s\,t}{3}}$
$2{,}6\,d + 1{,}0$	$1{,}5\,d$	$0{,}9\,e$	$\frac{5}{8}s - \frac{2}{3}s$	$1000\,\frac{\frac{\pi}{4}d^2}{s\,t}$ bis $1200\,\frac{\frac{\pi}{4}d^2}{s\,t}$
$3{,}5\,d + 1{,}5$	$1{,}5\,d$	$0{,}5\,t$	$\frac{5}{8}s - \frac{2}{3}s$	$950\,\frac{\frac{\pi}{4}d^2}{\frac{s\,t}{2}}$ bis $1150\,\frac{\frac{\pi}{4}d^2}{\frac{s\,t}{2}}$
$6\,d + 2{,}0$	$1{,}5\,d$	$\frac{3}{8}\,t$	$0{,}8\,s$	$900\,\frac{\frac{\pi}{4}d^2}{\frac{s\,t}{5}}$ bis $1100\,\frac{\frac{\pi}{4}d^2}{\frac{s\,t}{5}}$

[1]) Nach C. v. Bach.

nietung ein kleinerer Sicherheitsgrad zugelassen ist, zumal das zwischen den Laschen befindliche Blech gegen Abrosten geschützt ist. Die Laschennietung ergibt daher eine bessere Ausnützung des Blechs bzw. eine geringere Wandstärke als die Überlappungsnietung.

Damit das Blechmaterial gut ausgenützt wird, ist man bestrebt, das sog. Güteverhältnis $\frac{t-d}{t}$ der Einheit möglichst nahe zu bringen. Man kommt bei einreihigen Überlappungsnietungen bis auf 0,60, bei zweireihigen bis 0,72 und bei dreireihigen bis 0,76. Damit hängt es zusammen, daß die mehrreihige Nietung geringere Blechstärken ergibt als die einreihige. Bei Doppellaschennietungen gestaltet sich das Güteverhältnis noch günstiger. Man erreicht hier bei einreihiger Nietung Werte bis 0,70, bei zweireihiger bis 0,77 und bei dreireihiger bis 0,86.

Wahl der Vernietung.

Da das Kesselblech bei der einreihigen Nietung schlechter ausgenützt wird als bei der zweireihigen, und hier wieder schlechter als bei der dreireihigen, so wird ein und derselbe Kessel, mit dreireihiger Nietung ausgerüstet, eine höhere Atmosphärenzahl vertragen als mit zweireihiger bzw. einreihiger Nietung. Allerdings sind auch die Herstellungskosten größer, da eine dreireihige Nietung mehr Arbeit verursacht als eine zwei- und einreihige.

Bei den heute üblichen hohen Spannungen kommen überlappt genietete Längsnähte nur noch bei Walzen- bzw. Batteriekesseln[1]) sowie bei den Oberkesseln kleinerer

[1]) Überlappungsnietung ist hier schon deshalb zweckmäßiger, weil die Unterkessel ganz von den Feuergasen bespült werden. Man zieht deshalb weniger voluminöse Nietnähte vor. Je stärker nämlich die Nietung, desto höher erwärmt sich dieselbe. Vgl. Fußnote S. 80.

Wasserrohrkessel und bei Lokomobilkesseln zur Anwendung. Es erweist sich hierbei im allgemeinen als zweckmäßig, bei Blechstärken über etwa 12 mm die Längsnähte zwei- oder dreireihig zu nieten. Die Rundnähte

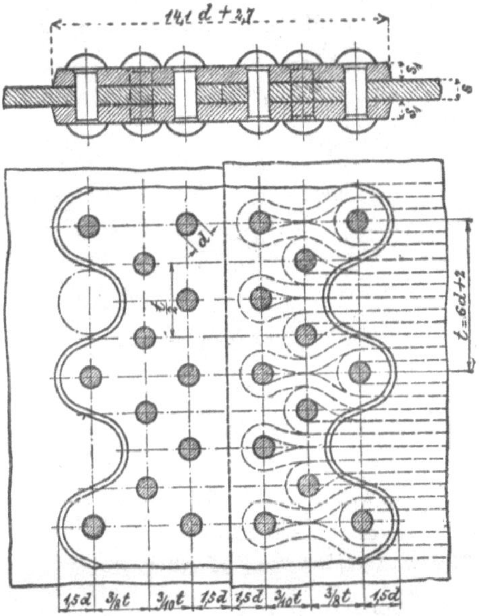

Fig. 36. Dreireihige Doppellaschennietung (zweischnittig) mit der Schwedlerschen Bandeinteilung.

bekommen, weil schwächer beansprucht[1]), in der Regel eine Nietreihe weniger.

Flammrohrkessel werden in Anbetracht ihrer größeren Durchmesser fast durchweg mit Laschennietung ausgerüstet. Die hierdurch bedingte Materialersparnis und

[1]) Vgl. S. 64, Absatz 4.

der Wegfall des Anschärfens der Bleche überwiegt die Mehrkosten der Laschennietung, zumal die Schüsse heute in der Regel aus einem einzigen Blech hergestellt werden[1]), so daß man nur eine einzige Längsnaht hat.

Die Rundnähte der Kessel werden durchweg überlascht genietet, zumal deren Anstrengung geringer ist als bei den Längsnähten.

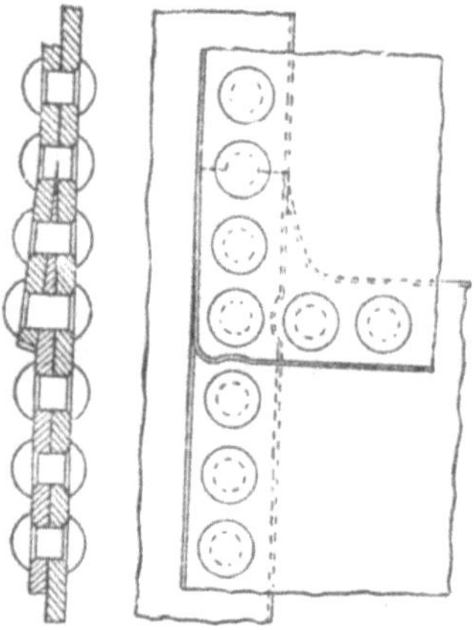

Fig. 37. Nietverbindung zweier Kesselschüsse.

Um bei mehrreihigen Laschennietungen das Verhältnis $\frac{t-d}{t}$ möglichst groß und damit die Blechstärken möglichst klein zu erhalten, gibt man den äußeren Nietreihen eine größere Teilung als den inneren. Allerdings wird dann der Blechquerschnitt in der nächstfolgenden inneren Nietreihe durch die Nietlöcher stärker ge-

[1]) Ein einziges Blech ist schon deshalb vorzuziehen, weil dann keine Nietnaht im Feuer liegt. Man legt letztere in den Dampfraum und vermeidet so größere Eisenansammlungen im Feuerraum.

schwächt. Dies ist jedoch gewöhnlich zulässig, da durch die äußere Nietreihe schon ein Teil der Kraft auf die Lasche übertragen worden ist und die zweite Nietreihe daher nicht mehr so stark belastet wird wie die erste.

Die größere Teilung der äußeren Nietreihen erfordert jedoch gemäß S. 71 ein Ausschneiden der Laschen. Um

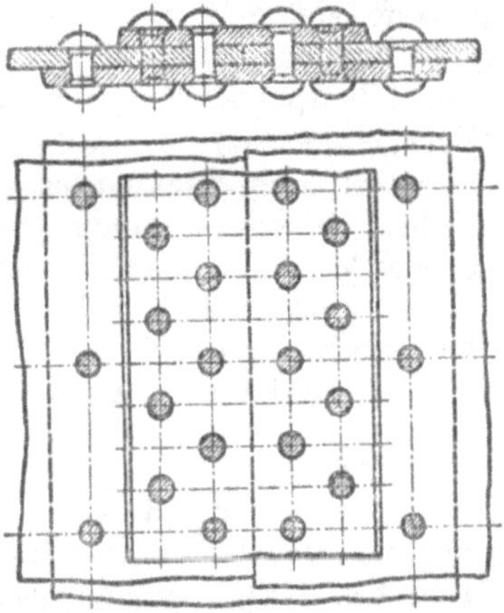

Fig. 38. Dreireihige Doppellaschennietung (zweischnittig) mit geraden, ungleich breiten Laschen.

die kostspielige, wellenförmige Begrenzungslinie der Laschen zu vermeiden und doch das Güteverhältnis möglichst groß zu gestalten, macht man die äußere Lasche schmäler gemäß Fig. 38 und begnügt sich mit dem Verstemmen der äußeren Lasche und der äußeren Nietköpfe. Bisweilen kommen auch bei der zweireihigen Nietung ungleich breite Laschen zur Ausführung.

Verschraubungen.

Dieselben kommen nur dort in Betracht, wo es sich um lösbare Verbindungen handelt. Beispielsweise wird bei Lokomobilkesseln das Röhrenbündel samt der Feuerbüchse in der Regel ausziehbar angeordnet, damit eine bequeme Reinigung der Röhren von Kesselstein möglich ist. Auch bei stehenden Kesseln werden bestimmte Verbindungen mit Hilfe von Schrauben ausgeführt. Die Dichtung der Verbindungsstellen wird hierbei durch Zwischenlage von Asbestpappe, Klingerit oder anderen Dichtungsmitteln erreicht.

Weiterhin kommen Verschraubungen bei Mannlöchern, Handlöchern, Flanschverbindungen sowie bei der Verankerung und Versteifung von Kesselwänden zur Anwendung.

Bezüglich der Berechnung der Verschraubungen und Verankerungen sei auf die Bauvorschriften S. 30 und 32 verwiesen.

Schweißungen.

Schweißungen kommen bei den Kammern der Wasserrohrkessel, bei Flammrohren, bei Feuerbüchsen stehender Kessel, bei Quersiedern, Gallowayrohren usw. vor. Geschweißte Nähte erübrigen das Verstemmen. Nach Versuchen von Schulz-Knaudt beträgt die Festigkeit der Schweißnaht mindestens 90—95% derjenigen des gesunden Blechs. Nach den Bauvorschriften darf jedoch die Festigkeit gut und mittels Überlappung geschweißter Nähte nur zu 0,7 der Festigkeit des vollen Blechs in Rechnung gesetzt werden. Bezüglich der Behandlung geschweißter Stücke sei auf S. 18 verwiesen.

Was speziell die seit neuerer Zeit zur Einführung gelangte autogene Schweißung betrifft, so hängt deren Güte und Zuverlässigkeit, ebenso wie bei der Feuerschweißung, in weitgehendem Maße von der Geschicklichkeit und Gewissenhaftigkeit des Schweißers ab. „Bei dem heutigen Stande empfiehlt es sich, in bezug auf die Herstellung und Ausbesserung von Dampfkesseln und Dampfgefäßen durch autogene Schweißung die größte Vorsicht walten und solche Arbeiten nur zuverlässig arbeitende Firmen unter Überwachung des in Betracht kommenden Revisionsvereins ausführen zu lassen. Dabei ist namentlich dem Umstande Beachtung zu schenken, daß durch die mit dem Schweißen verbundene örtliche Erhitzung der Ränder und durch die Zusammenziehung des flüssig gewesenen Füllmaterials (ohne nachfolgendes Ausglühen des Stückes) im Flußeisen Spannungen in Wirksamkeit treten können, die mehr oder minder schwere Unfälle herbeizuführen imstande sind. Nähte, die durch wirkende äußere Kräfte oder infolge von Temperaturschwankungen auf Zug oder Biegung stark beansprucht werden, sollten nur dann geschweißt und ihnen diese Kraftübertragung zugemutet werden dürfen, wenn das geschweißte Stück nach dem Schweißen ausgeglüht wird.“[1])

Verstärkungen.

Flammrohre oder überhaupt Zylinder, die durch äußeren Druck beansprucht werden, bedürfen einer Versteifung, um die Widerstandsfähigkeit gegen Eindrücken bzw. Einbeulen zu erhöhen. Näheres hierüber sowie auch über die Berechnung der Blechdicke von Flammrohren enthalten die Bauvorschriften S. 20.

Verstärkungen sind außerdem notwendig bei ebenen Wandungen, bei Mannlöchern und sonstigen Ausschnitten. Auch diesbezüglich sei auf die Bauvorschriften verwiesen.

[1]) Vgl. Zeitschr. d. Ver. deutscher Ing. 1910, S. 831.

Ablaßvorrichtungen.

Die Ablaßvorrichtung dient dazu, um den Kessel ganz oder zum Zweck des Schlammabblasens teilweise zu entleeren. Sie ist an der tiefsten Stelle des Kessels anzubringen und zwar derart, daß sie bequem zugänglich ist und möglichst unmittelbar am Kessel sitzt. Zum Absperren der Ablaßleitung dienen Hähne oder Ventile, erstere insbesondere bei kleineren Kesseln. Hähne sind nämlich bei größeren Abmessungen schwer beweglich, da sie leicht festbrennen. Demgegenüber sind Ventile leicht beweglich, doch kann deren dichter Schluß durch Kesselsteinsplitter, Schlammteile o. dgl. beeinträchtigt werden. Das Ventil sollte deshalb so angeordnet sein, daß es jederzeit auf seinem Sitz gedreht und nachgeschliffen werden kann, etwa wie dies bei dem Dampfkessel-Schlammablaßapparat, System Baltes (Fig. 39) der Fall ist.

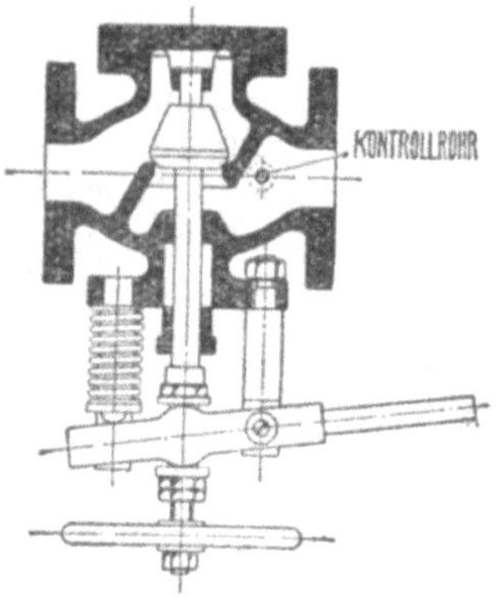

Fig. 39. Dampfkessel-Schlammablaßapparat, System Baltes, als Durchgangsventil.

Den Durchmesser der Ablaßleitung mache man 30 bis 60 mm, je nach Größe des Kessels. Die Ausflußöffnung soll sichtbar sein, damit Undichtheiten sofort erkennbar sind.

Sicherheitsventile[1]).

Die Sicherheitsventile haben die Aufgabe, eine Überschreitung der größten zulässigen Dampfspannung zu

[1]) Vgl. auch S. 12.

verhüten, indem sie sich selbsttätig öffnen und Dampf entweichen lassen. Durch das Geräusch des entweichenden Dampfes wird gleichzeitig der Heizer auf den zu hohen Druck aufmerksam gemacht.

Bei feststehenden Kesseln sind meist sog. Hebelventile mit Gewichtsbelastung (Fig. 40) im Gebrauch. Für bewegliche Kessel werden federbelastete Ventile angewendet.

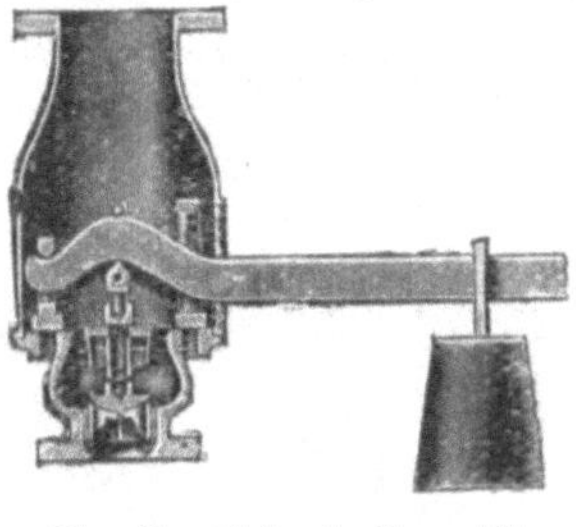

Fig. 40. Sicherheitsventil mit Gewichtsbelastung.

Das vom Revisionsbeamten genau einzustellende Belastungsgewicht darf unter keinen Umständen in seiner Stellung verändert werden. Desgleichen darf die Spannung der Feder nicht beeinflußt werden. Das bisweilen vom Heizer vorgenommene Feststellen des Sicherheitsventils geschieht, um dasselbe unwirksam zu machen und so dessen vermeintliches oder wirkliches vorzeitiges Abblasen zu verhindern. Dieses Feststellen ist strengstens zu untersagen.

Rohrleitung nebst Zubehör.

Von großer Bedeutung für die Wirtschaftlichkeit und Sicherheit des Betriebes ist eine sachgemäße und solide Ausführung sowie eine ordnungsmäßige Instandhaltung der Rohrleitung und ihrer Nebenapparate, wie Absperrventile[1]), Ausdehnungsvorrichtungen, Wasserabscheider, Wasserableiter, Rohrbruchventile usw.

Die Rohrleitungen bestehen bei den heute üblichen hohen Spannungen und Temperaturen meist aus naht-

[1]) Vgl. S. 20 im I. Teil.

losen, seltener aus patentgeschweißten Schmiedeeisenrohren[1]). Die Enden der Rohre sind durch schmiedeeiserne oder in Stahlguß hergestellte Flanschen Fig. 41 bis 45 miteinander verbunden. Letztere sind zum Einlegen eines Dichtungsrings mit Nut und Feder versehen. Nicht selten kommen jedoch auch glatte Flanschen zur Anwendung. Dieselben sind billiger und gestatten ein bequemeres Auseinandernehmen der Rohrleitung.

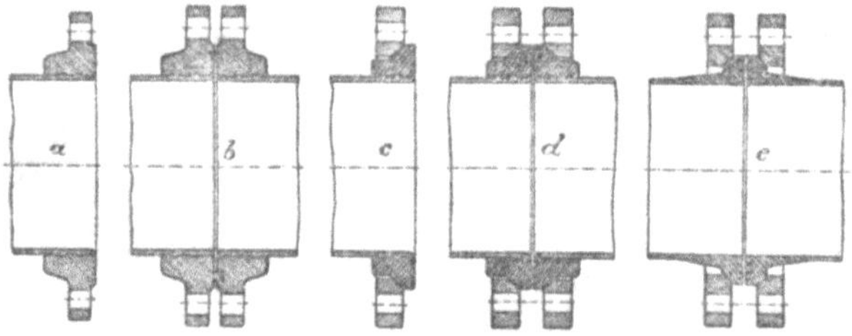

Fig. 41—45. Verschiedene Flanschverbindungen: *a* glatter Walzflansch; *b* Walzflanschen mit Nut und Feder; *c* glatter Aufwalzbund; *d* Aufwalzbunde mit Nut und Feder; *e* glatte aufgeschweißte Bunde.

Als Dichtungsmaterial für die Flanschverbindungen wird fast ausschließlich Klingerit verwendet, für glatte Flanschen bisweilen auch Metalldichtungen.

An geraden Rohren können die Flanschen fest, an gekrümmten hingegen mit Rücksicht auf das Passen der Schraubenlöcher lose angebracht sein. Häufig wird aber auch bei geraden Rohren der eine Flansch beweglich ausgeführt. Zwei lose Flanschen dagegen werden aus Preisrücksichten nur selten angewendet. Die Verbindung zwischen Rohr und Flansch bzw. Rohr und

[1]) Abzweige in den Dampfleitungen werden entweder durch aufgeschweißte Stutzen oder durch T-Stücke aus Stahlguß oder verstärktem Gußeisen hergestellt.

Bordring (Bund) erfolgt in der Regel durch Aufwalzen, seltener durch Aufschweißen.

Die Bemessung der Rohrleitungen geschieht auf Grund der i. J. 1900 vom Verein deutscher Ingenieure aufgestellten „Normalien zu Rohrleitungen für Dampf von hoher Spannung“.

Für die Bestimmung des zweckmäßigsten Leitungsdurchmessers sind der Druckverlust und der Wärmeverlust in der Leitung sowie die Anschaffungskosten maßgebend. Die Kosten einer Leitung wachsen mit deren Länge und Durchmesser. Je größer die Länge der Rohrleitung ist, desto größer fällt der durch den Reibungswiderstand bedingte Druckverlust sowie der durch die äußere Abkühlung entstehende Wärmeverlust aus. Je größer andererseits der Leitungsdurchmesser gewählt wird, desto kleiner ist der Druckverlust, desto größer fällt jedoch wiederum der Abkühlungsverlust aus.

Geringe Anschaffungskosten und geringer Wärmeverlust erfordern demnach kleine Leitungsdurchmesser, während ein geringer Druckverlust großen Durchmesser verlangt. Für gewöhnlich ist es zweckmäßiger, die Abkühlungsverluste und die Anschaffungskosten tunlichst herabzudrücken, wenngleich hierbei der Druckverlust in der Leitung etwas größer ausfällt. Der Druckverlust ist nämlich ohne Einfluß auf die Wirtschaftlichkeit bzw. auf die Dampfkosten, da sich die Dampfreibung doch wieder in Wärme umsetzt. Ein allzugroßer Druckverlust in der Leitung hat allerdings den Nachteil, daß die Maximalleistung der Maschine unter Umständen zu gering wird. Im allgemeinen beträgt der Druckverlust in der Leitung, je nach deren Länge und Anordnung 0,3—0,7 Atm. einschließlich des Druckverlustes im Überhitzer[1]). In gewissen Fällen, wie z. B. bei Fernheizwerken, kommen jedoch Druckverluste von mehreren Atmosphären vor. Dieselben sind hier zulässig, da ohnedies ein Abdrosseln des Heizdampfes nötig ist. Man kommt auf diese Weise mit billigen Leitungen und geringen Wärmeverlusten aus.

Bei Berechnung des lichten Durchmessers der Rohrleitung geht man für gewöhnlich von der Dampfgeschwindigkeit aus. Man wählt die letztere für überhitzten Dampf durchschnittlich zu 20 m, bezogen auf konstante Strömung[2]), bzw. zu 60 m, bezogen auf die mittlere Kolbengeschwindigkeit. Bei sehr hoher Überhitzung, und wenn eine Betriebserweiterung nicht in Betracht kommt, geht man wohl auch noch etwas höher mit der Dampfgeschwindigkeit. Speziell bei Dampfturbinen sind mit Rücksicht auf die konstante Strömung Geschwindigkeiten von 30 m und mehr zulässig.

Um die Wärmeausstrahlungsverluste möglichst zu verringern, sind Rohrleitung, Flanschen und Ventilkörper mit schlechten Wärmeleitern gut zu umhüllen[3]). Als solche kommen hauptsächlich in Betracht Kieselgurmasse mit Asbestfasern sowie die sog. Diatomitsteine bzw. Kieselgursteine. Seide und Filz sind weniger geeignet, da sie bei den heute üblichen hohen Dampftemperaturen zu leicht verkohlen. Auch kommt die Isolierung mit Seide ziemlich teuer.

Der Temperaturverlust für überhitzten Dampf beträgt je nach der Güte der Isolierung 0,4—1° C pro 1 m Leitungslänge. Bei gesättigtem Dampf äußert sich der

---

[1]) Gewöhnlich rechnet man nur mit 0,5 Atm.

[2]) Das Dampfvolumen bestimmt sich hierbei mit Hilfe der Fig. 2, I. Teil.

[3]) Die Isolierung der Flanschen sollte jedoch erst einige Zeit nach der Inbetriebsetzung erfolgen, da anfänglich in der Regel noch Undichtheiten zu beheben sind.

Wärmeverlust in der Kondensation einer bestimmten Dampfmenge.

Die Anordnung der Rohrleitung hat mit Rücksicht auf die Betriebssicherheit, die Anlagekosten und die Wirtschaftlichkeit zu geschehen. Sie soll eine möglichst übersichtliche sein und hat im übrigen so zu erfolgen, daß der Dampf eines jeden Kessels der Anlage jeder beliebigen Verbrauchsstelle zugeführt werden kann sowie daß jeder Kessel und jede Verbrauchsstelle einzeln von der Rohrleitung absperrbar ist, ohne daß hierbei der abgesperrte Rohrzweig erhebliche Abkühlungsverluste verursacht. Und endlich ist noch zu verlangen, daß sich die Rohrleitung schnell und sicher entwässern läßt sowie daß die Wärmedehnungen keine erheblichen Materialspannungen hervorrufen.

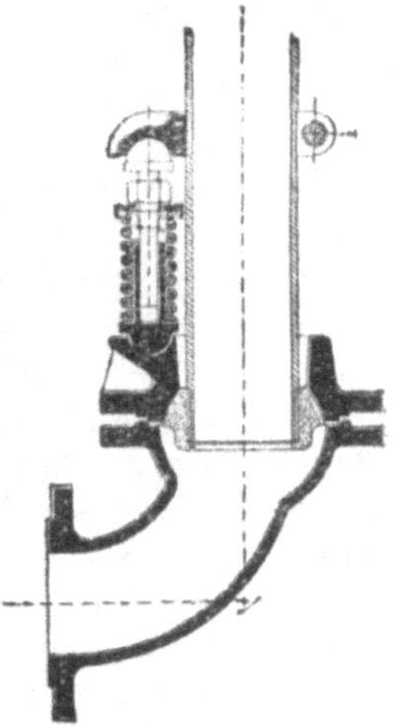

Fig 46. Selbstdichtender Kugelgelenk-Kompensator von Franz Seiffert & Co., Berlin.

Der letzteren Forderung wird dadurch entsprochen, daß man der Rohrleitung in sich selbst eine gewisse Elastizität bzw. Beweglichkeit gibt, indem man sie entsprechend im Winkel verlegt und die Krümmer sowie die Rohranschlüsse mit losen Flanschen versieht. Wo jedoch die natürliche Elastizität der Rohrleitung nicht genügt, hilft man sich durch Einschaltung von Ausgleichsstücken, wie Bogenrohren, Kugelgelenkrohren (Fig. 46) oder Stopfbüchsenrohren. Speziell bei dem Fernheizwerk in Dresden ist die Fernleitung mit gutem Erfolg in Schlangenform verlegt worden.

Für die Bogenrohre ist Schmiedeeisen zu verwenden, da sich Kupfer für überhitzten Dampf nicht eignet. Im übrigen vertragen Bogenrohre nur kleinere Ausdehnungen, sofern man sie nicht nach dem System Hartmann aus einer Anzahl kleinerer Rohre zusammensetzt oder sie mit ovalem Querschnitt ausführt.

Die Lagerung der Leitung kann durch Unterstützung mit Hilfe von Säulen oder Konsolen, oder aber durch Aufhängung erfolgen. Damit die Leitung nicht schwingt bzw. vibriert, bedarf es außer den festen Enden der Leitung noch einer gewissen Anzahl von Fixpunkten[1]). Alle übrigen Stützpunkte sind beweglich zu gestalten. Die Wahl der Festpunkte hat sehr sorgfältig und mit Rücksicht auf die Ausdehnung der Leitung zu erfolgen. Man muß womöglich die Fixpunkte so wählen, daß sie in die Mitte zwischen zwei Kompensationsvorrichtungen zu liegen kommen.

Beim Inbetriebsetzen der Anlage, bei geringer Überhitzung jedoch auch während des Betriebes kondensiert sich in der Leitung, insbesondere bei schlechter Isolierung derselben, ein Teil des Dampfes. Das Kondensat ist an den tiefsten Stellen der Leitung abzuscheiden. Sogenannte Wassersäcke in der Rohrleitung sind möglichst zu vermeiden. Wo sich letztere jedoch nicht umgehen lassen, sind sie zu entwässern. Auch die Ventile sind gegebenenfalls mit einer Entwässerung zu versehen.

Während die Wasserabscheider die Aufgabe haben, das Kondenswasser zu sammeln, erfolgt die Ableitung desselben durch selbsttätige Apparate, meist Kondenstöpfe

[1]) Das Vibrieren würde auf die Dauer den Flanschverbindungen (Dichtungen) sowie den Aufhängungen schaden, unter Umständen aber auch der Leitung selbst.

(Fig. 47). Die Kondenstöpfe bedürfen einer sorgfältigen Überwachung und Instandhaltung, da andernfalls leicht Dampfverluste entstehen. Bei neuen Leitungen findet nicht selten ein Verstopfen der Kondenstöpfe durch Zunder und Sand aus der Leitung und den Überhitzerrohren statt[1]). Man hat deshalb bei Neuanlagen öfters nachzusehen. Zum Zweck der Kontrolle der Kondens-

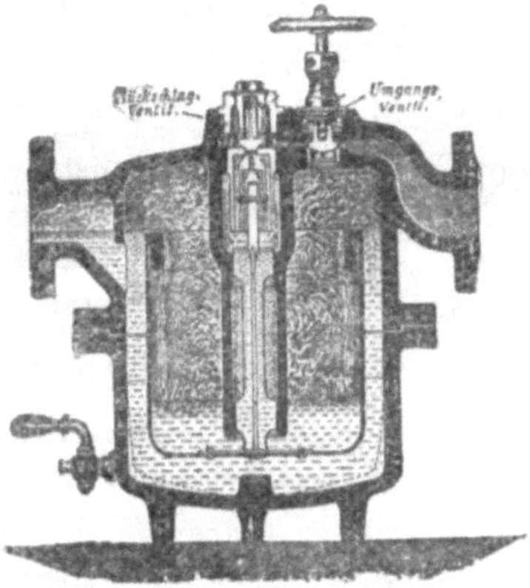

Fig. 47. Doppelventil-Kondenstopf für Heißdampf bis 12 Atm. von Klein, Schanzlin & Becker, Frankenthal.

töpfe empfiehlt es sich, hinter denselben Dreiweghähne anzuordnen. Des weiteren sehe man an den Kondenstöpfen eine Umführungsleitung sowie eventuell eine direkte Ausblaseleitung am Hauptabscheider vor, damit die beim Inbetriebsetzen sich bildenden beträchtlichen Mengen Kondensat direkt ausgeblasen werden können.

Das in der Rohrleitung entstehende Dampfwasser ist vollständig ölfrei. Für größere Anlagen empfehlen

[1]) Vor der Inbetriebnahme soll deshalb jede neue Rohrleitung gründlich mit Dampf ausgeblasen werden.

sich deshalb an Stelle der Kondenstöpfe sog. Dampfwasserrückleiter, welche über dem Kessel montiert werden und das Kondensat direkt und ohne wesentlichen Wärmeverlust wieder in den Kessel einführen. Wo die Kesselanlage nicht genügend tief liegt, ist statt des Rückleiters eine Kondensatpumpe zu verwenden[1]). Letztere kann durch einen im Kondenswasser-Sammelgefäß angeordneten Schwimmer automatisch an- und abgestellt werden.

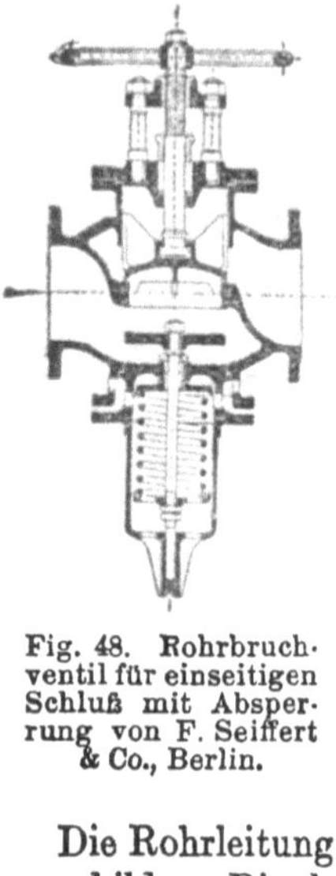

Fig. 48. Rohrbruchventil für einseitigen Schluß mit Absperrung von F. Seiffert & Co., Berlin.

Bei der Inbetriebsetzung einer Dampfanlage darf das Absperrventil am Kessel zunächst nur ganz wenig geöffnet werden. Erst wenn die Rohrleitung gut angewärmt ist, was häufig auch mit Hilfe eines besonderen Umführungsventils geschieht, darf die Maschine in Betrieb gesetzt werden. Bei zu raschem Öffnen des Absperrventils bzw. des Maschinenventils können durch das sich in der kalten Leitung bildende Kondenswasser Wasserschläge entstehen, welche unter Umständen Defekte an der Rohrleitung und an der Maschine verursachen.

Die Rohrleitung wird heute meist als einfache Leitung ausgebildet. Ringleitungen und Doppelleitungen werden aus Preisrücksichten nur bei ganz großen Zentralen angewendet, zumal man bei dem heutigen vorzüglichen Rohrleitungsmaterial nicht mehr so ängstlich ist wie früher.

[1]) Andernfalls wären zwei Rückleiter notwendig, von denen der eine dem andern das Kondensat zudrückt.

Bei einer einfachen Leitungsanlage werden die Kessel durch ein gemeinsames Sammelrohr miteinander verbunden. Von dieser Hauptdampfleitung aus zweigen die Leitungen nach den einzelnen Maschinen ab. Findet an einem Maschinensatz oder einem Kessel eine Störung statt, so läßt sich derselbe jederzeit von der übrigen Anlage abtrennen.

Um bei einem Rohrbruch die Entleerung des Kesselinhalts zu verhüten, werden bei größeren Anlagen bzw. bei längeren Rohrleitungen möglichst direkt hinter den Kesseln Rohrbruch- oder Selbstschlußventile (Fig. 48) angeordnet. Dieselben schließen bei plötzlicher Zunahme der Dampfgeschwindigkeit von selbst ab. Speziell in Deutschland haben sich Rohrbruchventile noch verhältnismäßig wenig eingeführt. Sie haben den Nachteil, daß sie bei starker Dampfentnahme unter Umständen von selbst schließen, insbesondere wenn sie empfindlich eingestellt sind. Ist letzteres jedoch nicht der Fall, so kann es beim Eintritt eines Bruchs am Ende einer langen und engen Leitung vorkommen, daß das Ventil überhaupt nicht funktioniert, da infolge des Leitungswiderstandes die Dampfgeschwindigkeit nicht die erforderliche Höhe erreicht.

Speisevorrichtung[1]).

Jeder Kessel muß mit zwei voneinander unabhängigen Speisevorrichtungen ausgerüstet sein, von denen jede für sich imstande ist, dem Kessel die $1^1/_2$—2fache Speisewassermenge zuzuführen. Man benutzt zu diesem Zweck Kolbenpumpen und Injektoren bzw. Dampfstrahlpumpen. Die ersteren können von Hand oder von der Maschine bzw. von einer Transmission angetrieben

[1]) Vgl. S. 10.

werden. Auch kann ihr Antrieb elektrisch oder mittels Dampf erfolgen.

Handpumpen sind nur bei kleineren Anlagen zulässig. Am häufigsten werden Dampfpumpen (in der Form von Duplexpumpen, Fig. 49) und Injektoren verwendet. Der Abdampf der ersteren dient meist zur Vorwärmung des Speisewassers[1]).

Neuerdings kommen für größere Kesselanlagen elektrisch angetriebene Zentrifugalpumpen (Fig. 50) zur Anwendung. Dieselben haben den Vorzug der Billigkeit, des geringen Raumbedarfs sowie denjenigen, daß sie während der ganzen Betriebsdauer ohne Bedienung bei geringstem Ölverbrauch durchlaufen können und daß die Regulierung der Fördermenge einfach dadurch erfolgt, daß man Drosselklappen oder Schieber an den einzelnen Kesseln automatisch oder von Hand mehr oder weniger öffnet. Bei gänzlich geschlossenen Schiebern, d. h. im Leerlauf der Pumpe kann eine schädliche Drucksteigerung nicht entstehen. Hierbei beträgt der Kraftverbrauch etwa ein Drittel des normalen[2]).

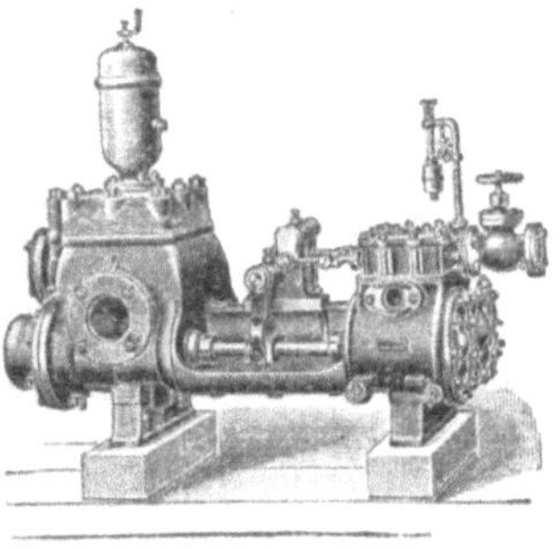

Fig. 49. Duplex-Dampfpumpe von Weise & Monski, Halle.

Der etwas größere Kraftverbrauch bzw. der geringere Wirkungsgrad der Zentrifugalpumpe spielt meist keine

[1]) Vgl. S. 109.

[2]) Zu beachten ist, daß bei Zentrifugalpumpen die Fördermenge wächst, wenn der Kesseldruck abnimmt und daß unter Umständen bei knapp bemessenem Wassermesser dessen Größe nicht mehr ausreicht. Man kann sich hier dadurch helfen, daß man die Druckleitung etwas abdrosselt.

Rolle gegenüber den obenerwähnten Vorteilen, zu welchen noch derjenige kommt, daß die Zentrifugalpumpe weniger empfindlich ist gegen Staub als die Kolbenpumpe.

Die Saughöhe soll bei Kolbenpumpen und Zentrifugalpumpen nicht über 6 m, bei Injektoren nicht über ca. 2 m betragen[1]). Die Wassergeschwindigkeit in der Saugleitung kann zu etwa 1 m/Sek., diejenige in der

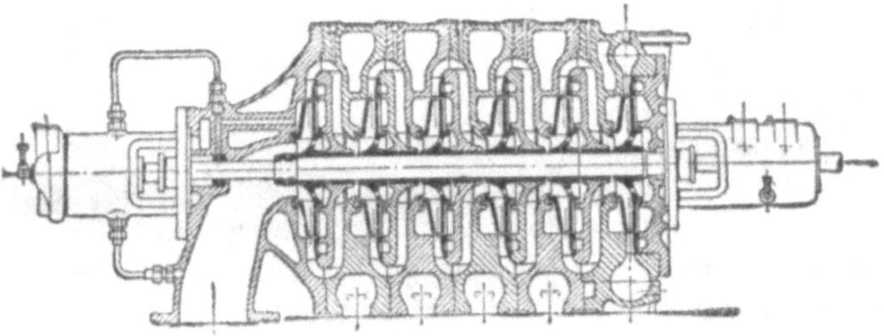

Fig. 50. Sechsstufige Hochdruck-Zentrifugalpumpe zur Kesselspeisung von der Armaturen- und Maschinenfabrik A. G. vorm. J. A. Hilpert, Nürnberg.

Druckleitung zu etwa $1^1/_2$ m angenommen werden. Zu empfehlen sind reichlich bemessene Saug- und Druckwindkessel direkt an der Pumpe. Vor Einmündung der Druckleitung in den Kessel ist ein Speiseventil sowie ein Absperrventil anzuordnen[2]). Je gleichmäßiger die Speisung erfolgt, desto besser ist dies für die Wirtschaftlichkeit sowie für die Lebensdauer des Kessels.

Bisweilen werden, weniger zur Erhöhung der Betriebssicherheit, als vor allem zur Entlastung des Heizers bei stark wechselndem Dampfverbrauch, automatische Speisevorrichtungen und Wasserstandsregler angewendet.

---

[1]) Vgl. auch S. 114.

[2]) Vgl. S. 20 im I. Teil sowie S. 11 dieses Bandes.

Was den Dampfverbrauch der Speisepumpen betrifft, so ist derselbe von deren Konstruktion, Größe und Belastung abhängig. Duplexpumpen verbrauchen ca. 32—35 kg Dampf pro nutzbare Pferdestärkestunde (Wasser-PS). Wählt man die Zylinder in Verbundanordnung, so geht der Verbrauch auf 25—28 kg herunter. Größere Pumpen mit Expansionssteuerung kommen bereits mit 20—24 kg aus. Werden die Pumpen nur mit 75%, 50% oder 25% ihrer normalen Leistung beansprucht, so erhöhen sich obige Ziffern um ca. 8%, 15% oder 30%.

Nicht selten gibt man den zum Betrieb der Speisepumpen benötigten Dampf in Prozenten des für die Maschinen verbrauchten an. Je nach Art und Konstruktion der letzteren beträgt hierbei der Pumpendampf 3—5% des Maschinendampfes.

IV. Abschnitt.

Betrieb der Kesselanlage.

Das Speisewasser, seine Reinigung und Vorwärmung.

Das Speisewasser und seine Beschaffenheit.

Je reiner ein Wasser ist, desto besser eignet es sich für die Zwecke der Kesselspeisung. Vollkommen rein ist nur destilliertes Wasser und Regenwasser, während die Oberflächen- und Grundwässer (insbesondere die letzteren) alle mehr oder weniger reich an Beimengungen sind. Letztere können in dem Wasser teils mechanisch, teils vollständig aufgelöst enthalten sein. Infolge dieser Beimengungen bilden sich bei der Verdampfung des

Wassers Schlamm- und Kesselsteinablagerungen auf den Heizflächen.

Die dem Wasser mechanisch beigemengten Stoffe sind schon äußerlich an der Trübung des Wassers zu erkennen. Sie können teils durch Absetzenlassen, teils durch Filtration entfernt werden. Die im Wasser gelöst enthaltenen Bestandteile sind unsichtbar. Ihre Ausscheidung hat auf chemischem Wege zu erfolgen.

Die im Wasser gelösten Stoffe stellen die eigentlichen Kesselsteinbildner dar. Es sind dies kohlensaurer Kalk, schwefelsaurer Kalk (Gips), kohlensaure Magnesia, schwefelsaure Magnesia und gegebenenfalls Chlormagnesium[1]). Die drei erstgenannten sind die hauptsächlichsten Kesselsteinbildner. In der Regel sind sie gleichzeitig im Wasser enthalten.

Wasser, welches eine größere Menge von diesen Kalk- und Magnesiasalzen enthält, wird als hartes Wasser bezeichnet. Man versteht sonach unter der Härte eines Wassers seinen Gehalt an kohlensauren und schwefelsauren Kalk- und Magnesiasalzen. Treten diese Stoffe nur in geringer Menge auf, so spricht man von weichem Wasser. Je größer die Härte eines Wassers ist, desto mehr neigt dasselbe zur Kesselsteinbildung.

Als Maß für die Härte dient in Deutschland der Gehalt an gebranntem Kalk, d. i. Kalziumoxyd (CaO). Ein Gehalt von 0,01 g Kalk in 1 kg Wasser entspricht einem deutschen Härtegrad.

Außer durch den Kalk wird die Härte des Wassers noch durch die Magnesia beeinflußt. Hierbei entspricht 1 Teil MgO (Magnesiumoxyd) 1,4 Teilen CaO, d. h. ein deutscher Härtegrad würde einem Gehalt von 0,00715 g

[1]) Chlormagnesium kann zudem Anfressungen der Kesselbleche hervorrufen; vgl. S. 106.

MgO in 1 kg Wasser entsprechen. Die aus Kalk und Magnesia sich ergebende Härte nennt man die Gesamthärte des Wassers. Enthält z. B. ein Wasser 0,20 g CaO und 0,03 g MgO auf 1 kg Wasser, so beträgt seine Härte

$$\frac{0{,}20 + 1{,}4 \cdot 0{,}03}{0{,}01} = 24{,}2 \text{ deutsche Grade.}$$

Die durch die Sulfate bedingte Härte nennt man die bleibende Härte, die durch die Karbonate bedingte die vorübergehende Härte.

Das Verhältnis eines deutschen Härtegrads zu einem französischen oder englischen ergibt sich aus der Beziehung:

1 deutscher H. G. = 1,25 engl. H. G. = 1,79 franz. H. G.

Es möge hier noch darauf hingewiesen sein, daß der Härtegrad allein noch nicht zur Beurteilung eines Wassers ausreicht, weil die verschiedenen Beimengungen nicht alle gleich schädlich wirken. Besonders ungünstig verhalten sich die Sulfate (insbesondere Gips). Dieselben bilden einen festen Stein, der schwer zu entfernen ist und der eine geringe Wärmeleitungsfähigkeit besitzt. Demgegenüber erzeugen die Karbonate nur schlammartige Ablagerungen, die allerdings an heißen Flächen leicht festbrennen und so den aus den Sulfaten ausgeschiedenen eigentlichen Kesselstein vermehren.

Der Kesselstein und seine Nachteile.

Gemäß oben werden die im Speisewasser aufgelösten Kesselsteinbildner beim Erwärmen und Verdampfen des Wassers teils in Pulverform bzw. als Schlamm ausgeschieden, teils setzen sie sich an den heißen Kesselwandungen als fester Kesselstein an, dessen Bildung vor allem durch den Gipsgehalt des Wassers befördert wird.

Springt der feste Kesselstein infolge Abkühlung des Kessels in den Betriebspausen ab, so bilden sich häufig sog. Kesselsteinkuchen, welche meist zu mehr oder weniger großen Klumpen zusammenbacken.

Die mechanisch mitgeführten Verunreinigungen setzen sich in der Hauptsache als Schlamm ab. Dieser Schlamm kann, wenn er nicht von Zeit zu Zeit abgelassen wird, an den heißen Kesselwandungen festbrennen und ist dann genau so gefährlich wie Kesselstein.

Es ist ein Irrtum, anzunehmen, daß der Ansatz von Kesselstein durch eine kräftige Wasserzirkulation verhindert werde. Denn Kesselstein bildet sich überall, wo Wasser verdampft, am stärksten in der Nähe der Wärmequelle. Ein flotter Wasserumlauf hat jedoch das Gute, daß der absplitternde Kesselstein sowie auch der Schlamm weitergeführt und unter Umständen an ungefährlichen Stellen abgelagert werden[1]). Allerdings splittert nicht jeder Kesselstein ab. Mancher Stein ist so zäh, daß er bei Temperaturänderungen nachgibt. Ein derartig zäher Stein ist sehr schwer zu entfernen, insbesondere aus den Röhren von Wasserrohrkesseln.

Die Nachteile des Kesselsteins bestehen in der öfter notwendigen Reinigung des Kessels, in den durch denselben bedingten Betriebsstörungen und Reparaturen sowie in den Wärmeverlusten, welche durch das öftere Außerbetriebsetzen entstehen. Weiterhin aber hat der Kesselstein Wärmestauungen in den Kesselblechen und damit schädliche Überhitzungen derselben zur Folge, welche zu Ausbauchungen und Einbeulungen und unter Umständen zu Kesselexplosionen führen können[2]).

[1]) Befährt man einen ungereinigten Kessel, so kann man aus dem Ort und der Stärke der Ablagerungen Schlüsse auf den Wasserumlauf ziehen.

[2]) Vgl. S. 134.

Selbst wenn jedoch keine gefährlichen Deformationen der Heizflächen eintreten, so können sich durch Kesselstein- oder Schlammablagerungen immerhin Undichtheiten an Nieten, Stehbolzen, Heizröhren, Stemmfugen usw. einstellen. Auch Kanten- und Nietlochrisse können entstehen. Weiterhin werden durch Kesselstein und Schlamm die Speiserohre, die Wasserstands- und Manometerrohre usw. verstopft[1]) und das Undichtwerden der Hähne und Ventile befördert. Auch ist es nicht ausgeschlossen, daß ein Mitreißen von Kesselstein und Schlamm in die Maschine stattfindet und dort zur vermehrten Abnützung der gleitenden Teile beiträgt.

Dünne Kesselsteinschichten sind nicht nachteilig, sondern sogar oft erwünscht, da sie die Kesselwandung vor dem chemischen Angriff schädlicher Bestandteile des Speisewassers schützen. Ein Stein bis zur Stärke einer Eierschale auf den Feuerblechen und bis zu $1^1/_2$ mm auf den vom Feuerherde entfernteren Teilen der Kesselwandung ist deshalb unbedenklich.

Bezüglich der Verschlechterung des Wärmeübergangs durch den Kesselstein sei auf die Ausführungen S. 105 im I. Teil verwiesen.

Mittel zur Bekämpfung des Kesselsteins.

Das naheliegendste Mittel besteht in der Verwendung eines geeigneten Speisewassers. Da dies jedoch nicht überall möglich sein wird, so hilft man sich wohl auch damit, daß man den Kessel um so öfter reinigt, je kesselsteinhaltiger das Speisewasser ist[2]). Die Reinigung ge-

[1]) Das Verstopfen der Wasserstandsvorrichtungen kann Wassermangel zur Folge haben. Vgl. S. 134.

[2]) Die Länge der Reinigungsfristen hängt vom Kesselsystem, der Wasserbeschaffenheit und der Betriebsdauer ab. Auch ist hier von Einfluß, ob der Kessel täglich teilweise oder wöchentlich ganz abgeblasen bzw. ausgewaschen wird. Vgl. Fußbemerkung S. 108.

schieht durch Ausklopfen und Ausbohren der festen Steinschichten sowie durch Ausblasen, Auswaschen und Ausspritzen des Schlamms (vgl. S. 118, Ziffer 24). Um das Ablösen des festen Kesselsteins zu erleichtern und das Eisen vor Anfressungen zu schützen, können ausnahmsweise sehr dünne Anstriche oder vielmehr Einreibungen mit geeigneten Stoffen (guter Asphaltlack, Leinölfirnis u. dgl.) angewendet werden[1]).

Das Mittel der öfteren Reinigung ist mit Rücksicht auf die damit verbundene Betriebsstörung sowie die unvermeidlichen Wärmeverluste durch Ablassen des Kessels und Frischanheizen desselben für gewöhnlich nicht zu empfehlen. Wo jedoch stark kesselsteinhaltiges Wasser ungereinigt verwendet werden muß, wähle man ein Kesselsystem, das bequem befahren und gereinigt werden kann (Flammrohrkessel, Walzen- und Batteriekessel).

Wird ein Kessel mit einem Speisewasser, dessen Eigenschaften nicht näher bekannt sind, zum erstenmal in Betrieb gesetzt, so empfiehlt es sich, denselben nach längstens 4 wöchentlichem Betrieb abzulassen und sich davon zu überzeugen, wieviel Stein und Schlamm sich abgesetzt hat sowie in welcher Form und an welchen Stellen dies der Fall ist. Das gleiche gilt für neu aufgestellte oder solche Kessel, deren Betriebsweise geändert wird.

Einen vollständig zu entleerenden Kessel läßt man am besten samt seinem Inhalt abkühlen, um zu verhüten, daß der Schlamm sich als Stein festbrennt. Nimmt man alsdann die Innenreinigung des Kessels sofort nach dem Ablassen desselben vor, so braucht man keinen Kesselhammer.

Bei größerer Härte des Speisewassers wird für gewöhnlich eine Wasserreinigung vorgesehen. Von welchem

[1]) Vgl. auch S. 106.

Härtegrad an eine Wasserreinigung notwendig ist, läßt sich jedoch nicht allgemein angeben, weil dies von dem Kesselsystem, von der Beschaffenheit des Wassers sowie von der Betriebsdauer und der Beanspruchung abhängt. Während z. B. Hochleistungswasserrohrkessel nur mit absolut reinem Wasser (Turbinenkondensat) gespeist werden sollten, ist bei Flammrohrkesseln und Lokomobilkesseln mit ausziehbarem Röhrensystem im allgemeinen eine Wasserreinigung nicht unbedingt notwendig, wenn das Wasser weniger als 10—15 deutsche Härtegrade besitzt. Auch Wasserrohrkessel normaler Beanspruchung vertragen anstandslos bis zu 5—6 deutsche Härtegrade. Die geringste Härte vertragen Röhrenkessel, da dieselben noch schwerer zu reinigen sind als Wasserrohrkessel. Man sollte daher hier keinesfalls mehr als 5—6 deutsche Härtegrade zulassen.

Fig. 51. Wasserreiniger nach dem Kalk-Soda-Verfahren von Hans Reisert, G. m. b. H., Köln.

Die Reinigung des Wassers kann in- oder außerhalb des Kessels erfolgen. Meistens geschieht sie außerhalb, und zwar mittels Soda (oder Ätznatron) und Ätzkalk. Diese Chemikalien werden dem Wasser vor seiner Einführung in den Kessel in einem meist kontinuierlich arbeitenden Apparat (Fig. 51) zugesetzt und bewirken eine Ausfällung der Kesselsteinbildner[1]). Das Wasser

[1]) Bisweilen begnügt man sich auch damit, dem Kesselwasser Soda oder Ätznatron zuzusetzen. Man erreicht dadurch, daß der Kesselstein in Lösung und Schlammform erhalten wird, was für Röhren- und Lokomobilkessel wichtig ist.

sollte hierbei den Reinigungsapparaten mit einer Temperatur von ca. 60—70° C zugeführt werden, da bei höherer Temperatur die Ausfällung der Kesselsteinbildner schneller und leichter erfolgt. Ein Teil derselben wird schon gelegentlich der Vorwärmung ausgeschieden[1]).

Um die Art und Menge der zuzusetzenden Chemikalien zu bestimmen, ist es nötig, das Speisewasser chemisch zu untersuchen. Hierbei ist jedoch zu berücksichtigen, daß der Härtegrad der Oberflächenwässer (Flußwasser) je nach der Witterung innerhalb weiter Grenzen schwanken kann. Nach einem längeren Regen ist das Wasser unter Umständen bedeutend weicher als bei großer Trockenheit. So kam mir z. B. vor einiger Zeit ein Fall vor, in welchem die Härte des Flußwassers zwischen 7 und 16,5 Graden schwankte. Das mangelhafte Funktionieren der Wasserreinigung war hier nur darauf zurückzuführen, daß die Zusätze von Kalk und Soda nicht der jeweiligen Härte entsprechend gewählt wurden.

Die Wasserreinigung erfordert demnach eine sorgfältige Überwachung. Insbesondere ist auch darauf zu achten, daß kein wesentlicher Überschuß an Soda in das Speisewasser gelangt, da sonst die Kesselarmaturen angegriffen werden und das Wasser leicht aufschäumt und überkocht.

Die durch die Wasserreinigungsanlage bedingte Erhöhung der Anlagekosten wird durch die bessere Wärmeausnützung des Brennstoffs, vor allem aber durch die höhere Betriebssicherheit und die längere Lebensdauer des Kessels reichlich ausgeglichen.

---

[1]) Näheres über die Vorwärmung des Speisewassers findet sich S. 109.

Kesselsteinschutzmittel[1]).

Es existiert eine große Anzahl von Mitteln, welche dem Speisewasser zugesetzt die Kesselsteinbildung verhindern sollen. Vor allen diesen sog. Geheimmitteln ist dringend zu warnen. Sie sind in der Regel ziemlich teuer und meist von geringem Nutzen, wenn nicht geradezu gefährlich, da sie ohne Rücksicht auf die Zusammensetzung des Wassers angewendet werden.

Speisung mit Kondensat.

Bei Wiederverwendung des Kondensats von Dampfmaschinen zum Speisen des Kessels geht die im Kondensat enthaltene Wärme nicht verloren, sondern wird für die Dampferzeugung nutzbar gemacht. Die Speisung mit Kondensat hat den Vorzug, daß man nur das Zusatzwasser zu reinigen braucht, weil das Kondensat vollkommen enthärtetes Wasser darstellt.

Da das Kondensat gewöhnlicher Kolbenmaschinen im Gegensatz zu demjenigen von Dampfturbinen ölhaltig ist, so kann dasselbe nicht ohne vorherige gründliche Reinigung verwendet werden, da ein Ölansatz im Dampfkessel den Wärmedurchgang in höherem Maße erschwert als ein Steinbelag. Die Folgen eines Ölansatzes sind Wärmestauungen, Überhitzen der Kesselwand und eventuell stärkere Deformationen derselben, welche unter Umständen zu einer Kesselexplosion führen können[2]). Zudem bilden sich bei Verwendung organischer Fette und Öle sog. Fettsäuren im Kessel, welche Anfressungen der Kesselwandung (namentlich in der

---

[1]) Innenanstriche von Dampfkesseln sind im allgemeinen zu vermeiden und nur dort anzuwenden, wo das Wasser bei geringer Härte korrosive Eigenschaften besitzt. Vgl. S. 101 und 106.

[2]) Vgl. S. 136.

Höhe des Wasserstandes) verursachen können[1]. Mineralöle werden im Kessel nicht verändert.

Zur Entfernung des Öles aus dem Kondensat empfiehlt sich die gleichzeitige Anwendung eines ausreichend bemessenen Dampf- und eines Wasserentölers. Man kann alsdann ein Kondensat von solcher Reinheit bekommen, daß bei dessen Verwendung die Kessel wesentlich reiner bleiben als bei Speisung von enthärtetem Wasser. Denn selbst bei gut arbeitenden Wasserreinigungsanlagen ist es nicht möglich, Schlammbildungen im Kessel ganz zu vermeiden.

Die Dampfentöler beruhen auf dem Prinzip der Zentrifugalkraft oder der Stoßwirkung und der Geschwindigkeitsverringerung. Die Wasserentölung wird durch einfaches Abstehenlassen des Wassers, häufig auch durch Filtrieren desselben mittels Koks und Holzwolle bewirkt.

Korrosionen an Kesselwandungen.

Korrosionen können auf das Speisewasser oder auf die in demselben enthaltene Luft zurückzuführen sein[2]. Luftkorrosionen, d. s. Anrostungen, treten besonders häufig um die Öffnungen von Ablaßstutzen herum auf. Auch bei Kesseln, die längere Zeit außer Betrieb sind, kommen derartige Anrostungen vor. Unter Umständen können Luftkorrosionen auch durch fehlerhafte Konstruktion des Kessels verursacht sein. Letzteres trifft dort zu, wo die Möglichkeit zur Bildung von Luftsäcken im Wasserraum besteht.

Luftkorrosionen im Dampfraum, welche während des Betriebes entstehen, wurden bisher nur bei Kesseln

---

[1] Auch verbinden sich diese Fette mit den Alkalien des Kesselwassers zu Seifen, die dann ein starkes Schäumen verursachen.

[2] Luft ist nämlich in jedem Wasser in mehr oder weniger großer Menge enthalten.

mit geheiztem Dampfraum beobachtet. Es handelt sich hierbei um noch nicht ganz geklärte chemische Vorgänge, welche offenbar durch die Wärme unterstützt werden. Um Luftkorrosionen möglichst zu vermeiden, verwende man zum Speisen Kolbenpumpen und keine Injektoren, da durch letztere beträchtliche Luftmengen in den Kessel gefördert werden. Weitere Verhütungsmittel sind ein geeigneter Anstrich der Kesselwandung und möglichst starke Vorwärmung des Speisewassers.

Bezüglich des Speisewassers ist zu bemerken, daß dasselbe außer den bekannten kesselsteinbildenden Salzen vielfach noch andere schädliche Bestandteile enthält, welche sich bei der Verdampfung im Kessel teils verflüchtigen, teils ständig anreichern und die Kesselwandungen angreifen. So enthalten z. B. Speisewässer aus Bergwerken, Torfmooren, chemischen Fabriken u. dgl. vielfach freie Säuren, welche die Kesselwandungen angreifen und Korrosionen zur Folge haben. Solche schädliche Wirkungen auf die Kesselwandungen können auch entstehen, wenn korrodierend wirkende Salze, wie z. B. die Chloride und Nitrate von Kalzium und Magnesium, im Speisewasser enthalten sind. Diese Salze geben im Dampfkessel Anlaß zur Bildung von Salzsäure, Chlor und nitrosen Gasen, welche auf Eisen korrodierend einwirken und zunächst die Kesselwandungen, in zweiter Linie aber auch den Überhitzer und die Rohrleitung angreifen.

Größere Mengen von Chloriden und Nitraten finden sich hauptsächlich in solchen Wässern, die mit den Zersetzungsprodukten tierischer und menschlicher Abfallstoffe beladen sind.

Korrosionen kamen auch schon bei solchen Kesseln

vor, welche mit Kondensat und mittels Kalk und Soda gereinigtem Zusatzwasser gespeist wurden. Die Korrosionen waren hier auf zu reichlichen Sodazusatz zurückzuführen.

Bezüglich der Korrosionen selbst ist zu bemerken, daß dieselben an den verschiedenen Stellen eines und desselben Kesselblechs ganz verschieden ausfallen. Das Blech wird nicht etwa gleichmäßig stark angegriffen und geschwächt, vielmehr entsteht eine große Zahl von unregelmäßig geformten Vertiefungen. Es ist dies darauf zurückzuführen, daß das in der Technik verwendete Flußeisen eine Legierung von Eisen mit Kohlenstoff, Silizium, Mangan, Phosphor und Schwefel ist. Keine Legierung aber ist absolut homogen. Auch beim Flußeisen zeigen dicht nebeneinander liegende Stellen ganz verschiedene chemische und physikalische Beschaffenheit. Harte Stellen wechseln mit weichen ab. Je reiner bzw. weicher aber ein Eisen ist, desto weniger widerstandsfähig ist dasselbe gegenüber chemischen Angriffen.

Wenn die Korrosionen nicht an allen Blechen in gleicher Stärke auftreten, so dürfte dies auf die verschiedene Temperatur der einzelnen Kesselteile und die damit zusammenhängende verschiedene Konzentration des Kesselwassers zurückzuführen sein[1]). Tatsache ist jedenfalls, daß die Korrosionen hauptsächlich an den der Wärme am stärksten ausgesetzten Kesselteilen auftreten.

Ein allgemeines Mittel gegen die schädlichen Bestandteile im Speisewasser gibt es nicht. In der Regel aber wird die nachteilige Wirkung derselben durch einen Zusatz von Soda aufgehoben, der von Fall zu Fall nach

[1]) Wenn nicht eine lebhafte Wasserzirkulation vorhanden ist, so wird die Konzentration des Kesselwassers in der Nähe der Wärmequelle am größten sein, da hier die stärkste Verdampfung stattfindet.

vorausgegangener Analyse des Wassers festzusetzen ist. Nicht selten hilft man sich auch dadurch, daß man einen dünnen Schutzbelag von Kesselstein herstellt[1]).

Eine weitere Schutzmaßregel besteht darin, daß man wöchentlich einen Teil des Wasserinhalts des Kessels ausbläst und alle 6—8 Wochen, je nach der Qualität des Speisewassers und der vom Kessel zu liefernden Dampfmenge, den Kessel ganz entleert, ausspült und ihn wieder mit frischem Wasser füllt[2]). Die verschiedenen schädlichen Bestandteile bedürfen nämlich alle einer gewissen Konzentration, ehe sie die Fähigkeit erlangen, auf Eisen zerstörend einzuwirken. Man muß deshalb darauf bedacht sein, die Konzentration des Kesselwassers unter derjenigen Grenze zu halten, welche diesen Salzen und Säuren die Fähigkeit verleiht, Eisen anzugreifen.

Auf alle Fälle ist jedem Kesselbesitzer dringend anzuraten, ein unbekanntes Wasser vor seiner Verwendung zum Kesselspeisen chemisch untersuchen zu lassen, und zwar nicht nur auf seinen Gehalt an Kesselsteinbildnern, sondern auch auf seine sonstigen Bestandteile. Hierbei sollte jedoch eine Probe von mindestens 5 l gewählt werden, um eine erschöpfende quantitative Analyse zu ermöglichen.

Im vorstehenden war immer nur von Anfressungen auf der Wasserseite die Rede. Es kommen aber auch Korrosionen auf der Feuerseite vor. Dieselben sind im allgemeinen bedenklicher als die ersteren. Rostungen auf der Feuerseite sind in der Regel auf Undichtheiten an Nietnähten und Flanschverbindungen zurückzuführen.

---

[1]) Vgl. S. 100.

[2]) Dies empfiehlt sich auch bei allen Reinigungsverfahren, bei denen Salze in Lösung gehen und sich im Kessel anreichern. Dadurch wird eine zu starke Anreicherung dieser Salze verhütet.

Sie können aber auch durch schwitzende Kesselteile[1]), welche mit den Heizgasen, insbesondere mit schwefelhaltigen, in Berührung kommen, verursacht werden.

Speisewasservorwärmer. Ekonomiser.

Die Vorwärmung des Speisewassers kann durch den Abdampf der Speisepumpen oder Maschinen sowie durch die abziehenden Rauchgase erfolgen. Dieselbe hat den Vorteil, daß die Brennstoffausgaben verringert werden und daß der Kessel durch die Speisung mit heißem Wasser mehr geschont wird. Da ein Vorwärmer gewissermaßen eine Vergrößerung der Kesselheizfläche darstellt, so wird gleichzeitig eine Erhöhung der Leistungsfähigkeit der Kesselanlage erreicht.

Die durch die Vorwärmung des Speisewassers zu erzielende Brennstoffersparnis kann unter Umständen recht erheblich sein. Ist z. B. die durchschnittliche Temperatur des kalten Wassers 15° C, diejenige des vorgewärmten 80° C, so würde sich bei Dampf von 12 Atmosphären Überdruck und 300° C folgende Brennstoffersparnis ergeben: Gemäß S. 11 (I. Teil), Beispiel 2, beträgt die Erzeugungswärme pro Kilogramm Dampf bei 15° C Speisewassertemperatur 713 Kal., bei 80° C 648 Kal. Daher ergibt sich die Brennstoffersparnis zu

$$\frac{713 - 648}{713} \cdot 100 = 9{,}1\,\%.$$

Der Einbau der Vorwärmer hat so zu erfolgen, daß sie sowohl aus der Speiseleitung, wie auch aus der Abdampf- bzw. Rauchgasleitung bequem ausgeschaltet werden können. Bei der Konstruktion ist auf eine bequeme Reinigung des Vorwärmers Rücksicht zu nehmen,

[1]) Vgl. auch S. 109 im I. Teil.

da ein Teil der im Speisewasser enthaltenen Kesselsteinbildner durch die Erwärmung ausgeschieden wird. Des weiteren empfiehlt es sich, möglichst ununterbrochen zu speisen, um Temperaturveränderungen und damit Wärmedehnungen tunlichst zu vermeiden.

Bezüglich der Vorwärmung durch Auspuff- und Vakuumdampf sei auf S. 59 verwiesen. Dortselbst ist

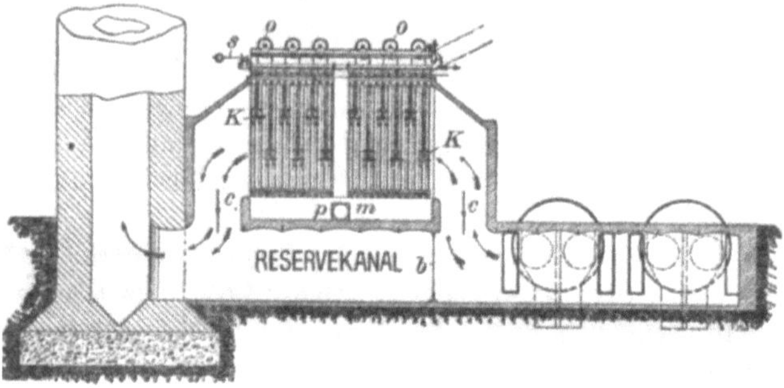

Fig. 52. Greenscher Ekonomiser von 192 Röhren in zwei Gruppen, über dem Hauptkanal aufgestellt.

gezeigt, wie die Heizfläche von Vorwärmern zu berechnen ist. Zu beachten ist noch, daß der Querschnitt für den Auspuffdampf im Vorwärmer mindestens gleich dem $^{5}/_{4}$fachen Querschnitt des Auspuffrohrs zu machen ist, um keinen Gegendruck auf die Maschine zu bekommen. Zur Verringerung der Abkühlungsverluste isoliere man den Vorwärmer sowohl als auch die Speiseleitung bis zum Kessel.

Ein weiteres Mittel zur Erzeugung warmen Wassers bietet sich in dem Einbau eines Ekonomisers, d. i. eines Abgasvorwärmers zwischen Kessel und Schornstein[1]).

[1]) Bezüglich der Berechnung der Heizfläche von Ekonomisern findet sich alles Nähere auf S. 53 u. ff.

Der Ekonomiser nützt hierbei die Rauchgase, welche den Kessel mit Temperaturen verlassen, die meist zwischen 250 und 350° C liegen, weiterhin aus, wobei man mit der Temperatur der Rauchgase bis auf 150° C herunter gehen kann. Die dadurch erzielte bessere Ausnützung des Brennmaterials bzw. die Erhöhung des Wirkungsgrades der Kesselanlage beträgt 5—15%, je nach Kesselsystem, Beanspruchung und Brennstoff. Beträgt z. B. die Temperatur der Rauchgase vor dem Rauchschieber 350° C und nimmt man an, daß bis zum Ekonomiser hin 20° C verloren gehen, so würden bei einer Abkühlung der Rauchgase im Ekonomiser bis auf 170° C herab noch 160° C zur Vorwärmung verfügbar sein. Nimmt man an, daß pro Kilogramm verbrannter Kohle (z. B. Braunkohle von 4500 Kal.) nur 8 cbm Verbrennungsgase von 0,32 spez. Wärme entstehen, so beträgt die im Ekonomiser zu gewinnende Wärmemenge unter Annahme eines Strahlungsverlustes von 10%

$$0{,}90 \cdot 160 \cdot 8 \cdot 0{,}32 = 369 \text{ Kal.}$$

Bezogen auf den Heizwert der Kohle macht dies 8,2% aus. Die Brennstoffersparnis ist jedoch noch größer; sie ergibt sich aus dem Verhältnis der Wirkungsgrade der Kesselanlage mit und ohne Ekonomiser oder aus dem Verhältnis der Wassererwärmung im Ekonomiser zur Erzeugungswärme des Dampfes.

Der Ekonomiser besteht aus einem System von Röhren aus bestem Gußeisen, seltener Schmiedeisen[1]), deren Oberfläche in der Regel durch motorisch angetriebene Kratzer *K* (Fig. 52) von angesetztem Ruß und

[1]) Schmiedeisen rostet leichter als Gußeisen. Wo jedoch infolge guter Mischung des Wasserinhalts die Rohrtemperatur so hoch ist, daß ein Schwitzen der Rohre nicht vorkommen kann, ist Schmiedeisen ebenso haltbar wie Gußeisen.

Flugasche freigehalten wird. Die Anordnung schmiedeeiserner geschlossener Zylinder im letzten Kesselzug (an Stelle eines Ekonomisers) ist im allgemeinen nicht zu empfehlen, weil dieselben nicht ausschaltbar sind und weil im Innern der Zylinder häufig starke Anfressungen auftreten.

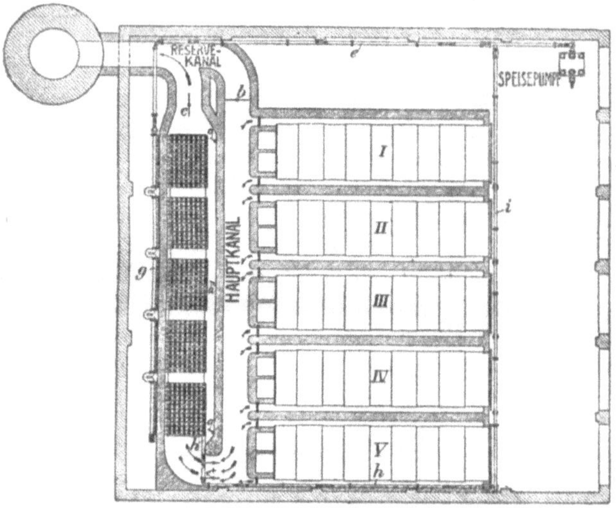

Fig. 53. Kesselhaus-Einrichtung mit Greenschem Ekonomiser von 480 Röhren in 5 Gruppen.

Um zu verhüten, daß sich der in den Rauchgasen enthaltene Wasserdampf unten an den Ekonomiserrohren niederschlägt und zu einem Rosten derselben Anlaß gibt, empfiehlt es sich, das Speisewasser vor seinem Eintritt auf 30—35° C vorzuwärmen, was durch Pumpenbzw. Maschinenabdampf oder durch Mischung des kalten Wassers mit einer geringen Menge vorgewärmtem geschehen kann. Das Schwitzen des Ekonomisers ist auch in wirtschaftlicher Hinsicht nachteilig, indem es die Bildung fester Krusten aus Flugasche und Ruß begünstigt, die durch den Kratzer nicht mehr entfernt werden und deshalb den Wärmedurchgang dauernd verschlechtern.

Am verbreitetsten ist der Ekonomiser nach der Greenschen Bauart. Derselbe besteht aus stehenden Gußrohren von 10 cm lichtem Durchmesser und 2,75 m Höhe[1]). Das Wasser tritt zugleich in alle Röhren ein. Die Speisung soll eine ununterbrochene sein.

Meist werden 4, 6, 8 oder 10, seltener 12 Rohre nebeneinander (in einer Sektion) angeordnet, wobei jedes Rohr 1 qm Heizfläche und 28 l Inhalt besitzt. Ergibt sich eine größere Zahl von Sektionen, so ordnet man die Ekonomiserrohre gemäß Fig. 52 und 53 in mehreren Gruppen von je 8—10, höchstens 12 Rohrreihen an, zwischen denen ein entsprechender Abstand zwecks Reinigung gelassen wird[2]). Zu beachten ist hierbei stets, daß die Anzahl der Sektionen durch 4 teilbar sein muß, mit Rücksicht auf den Antrieb der Kratzer. Über die Berechnung der Ekonomiserheizfläche und die zu erzielende Temperaturerhöhung des Speisewassers findet sich alles Nähere auf S. 53 u. ff.

Bezüglich der Anwendung des Ekonomisers lassen sich keine allgemeinen Regeln aufstellen. Je nach dem Kesselsystem, der verfeuerten Kohle und der jährlichen Betriebszeit ist ein Ekonomiser unter Umständen bis herunter zu Leistungen von 40 PS wirtschaftlich berechtigt. Er empfiehlt sich bei vorhandenem Platz und

[1]) Bei beschränkter Grundfläche werden ausnahmsweise auch Rohre von 3,05, 3,35 und 3,50 m Höhe angewendet. Die Heizfläche pro Rohr ist alsdann größer als 1 qm.

[2]) Bei Vorhandensein von Deflektoren *a* (Fig. 53) kann man auch mehr als 12 Sektionen in einer Gruppe anordnen.

ausreichendem Zug stets, wenn die durch ihn erzielte Brennstoffersparnis größer ist als der Aufwand für seine Abschreibung und Verzinsung (zusammen etwa 15%) und für den Antrieb des mechanischen Kratzers (ca. $^1/_2$ PS pro 100 Rohre).

Die Kosten der Ekonomiser Greenscher Bauart betragen 40 M. pro Rohr (d. i. pro Quadratmeter Heizfläche), einschließlich Einmauerung etwa 45 M.

Zu bemerken ist, daß bei Speisung heißen Wassers von über 50° C stets Speisepumpen (keine Injektoren) für den Kessel vorzusehen sind. Dieselben eignen sich auch noch für Wasser bis 100° C, wenn man nur dafür sorgt, daß das Wasser von der Pumpe nicht angesaugt werden muß, sondern ihr zufließt. Naturgemäß muß man hierbei auf geringe Umlaufzahl der Pumpe, kurze, wenig gekrümmte und genügend weite Rohrleitungen bedacht sein.

Zum Schluß sei noch darauf hingewiesen, daß es im Interesse der Wirtschaftlichkeit liegt, alle durch Rohrkondensation anfallenden Dampfwässer wieder zu verwenden. Man leitet dieselben in der Regel direkt in das Speisewasserreservoir ein.

Betriebsregeln für Dampfkesselwärter[1]).

1. Das Kesselhaus ist stets sauber, in bester Ordnung und frei zu halten von allem, was nicht hineingehört. Der Kesselwärter hat dafür zu sorgen, daß Unbefugte nicht in das Kesselhaus eintreten und dort verweilen.

2. Während des Betriebs und solange Feuer auf dem Roste ist, darf der Kessel niemals ohne Auf-

[1]) Es existieren zahlreiche Vorschriften. Die hier abgedruckten gelten für Bayern und sind im Gesetz- und Verordnungsblatt für das Königreich Bayern Nr. 4 vom 24. Jan. 1910 veröffentlicht. (Im Kesselhaus aufzuhängen.)

sicht gelassen werden. Das Decken des Feuers nach Beendigung des Betriebs ist nur gestattet, wenn der Kessel unter Aufsicht bleibt.

3. Sämtliche Ausrüstungsteile des Kessels sind rein und gangbar zu erhalten und bei jedem Kaltlegen sorgfältig nachzusehen. Insbesondere sind die Wasserstands-, Manometer- und Speiserohre innen gründlich zu reinigen.

4. Feuerbedienung. Die ganze Rostfläche ist stets mit Brennstoff, aber nicht zu hoch bedeckt zu halten. Das Heizen soll rasch und bei mehreren Feuerungen abwechselnd geschehen. Die Vermeidung von Rauch ist mit allen Mitteln anzustreben. Vor dem Öffnen der Feuertüre ist der Kaminschieber soweit als möglich zu schließen[1]). Rostspalten und Aschenfall sind fleißig zu reinigen.

5. Der Wasserstand ist stets auf möglichst gleicher Höhe zu erhalten und darf niemals unter die gesetzliche Wasserstandsmarke herabsinken.

6. Die Wasserstandszeiger (Gläser, Probierhähne und Schwimmer) sind täglich mehrmals zu probieren und stets gangbar zu erhalten. Jede Verstopfung in ihnen ist sofort zu beseitigen; ist dies unmöglich, so muß das Feuer gelöscht und der Kessel kalt gelegt werden. Das Feststellen der Hähne ist strenge verboten. Vor längeren Betriebspausen, während deren die Kesselanlage unter Druck ohne Aufsicht gelassen wird, sind die Hähne der Wasserstandszeiger zu schließen.

7. Vor dem Anheizen (Feuermachen) muß der Wasserstand geprüft, d. h. es müssen die Hähne geöffnet werden, wenn das Wasser im Glase auch über der Marke steht. Steht das Wasser tiefer wie 2 cm

[1]) Geschieht für gewöhnlich nicht; vgl. S. 52 im I. Teil.

unter der Marke, so darf unter keinen Umständen geheizt werden.

8. Die Speisevorrichtungen sind abwechselnd zu benutzen, um ihrer steten Gangbarkeit sicher zu sein. Geraten sie in Unordnung, so ist das Feuer zu löschen und der Betrieb des Kessels einzustellen. Jede in Unordnung geratene Speisevorrichtung ist ohne Verzug instand zu setzen.

9. Das selbsttätige Speiseventil (Rückschlagventil) am Kessel darf nie geöffnet werden, wenn nicht der vor dem Ventile sitzende Hahn oder das Absperrventil geschlossen ist. Das Öffnen muß immer vorsichtig geschehen.

10. Der Dampfdruck darf nie ein höherer werden als die gesetzliche Marke am Manometer anzeigt.

11. Das Manometer ist stets zu beobachten. Hierbei ist darauf zu sehen, ob es noch regelmäßig geht, insbesondere, ob sein Zeiger noch auf den Nullpunkt zurückgeht; andernfalls ist es sofort instand zu setzen.

12. Die Sicherheitsventile sind täglich vorsichtig zu lüften und stets in ordnungsmäßigem Zustande zu erhalten. Jede eigenmächtige Änderung der Ventile oder ihrer Belastung, insbesondere jede Überlastung und Unwirksammachung ist strengstens verboten.

13. Ventile und Hähne sind stets langsam zu öffnen und vorsichtig zu schließen.

14. Steigt der Dampfdruck zu hoch, so ist das Feuer zu dämpfen, der Zug zu beschränken, der Kessel zu speisen und nachzusehen, ob die Sicherheitsventile in Ordnung sind, damit der überschüssige Dampf entweichen kann. Ist eine Dampfablaßleitung vorhanden, so ist sie zu öffnen, bis die Dampfspannung wieder auf die genehmigte Höhe gesunken ist.

15. Schäumt das Wasser, so ist der Kessel mit frischem Wasser zu speisen, das überflüssige Wasser vorsichtig abzublasen und das Feuer zu dämpfen bis sich das Wasser beruhigt hat.

16. Fällt das Wasser rasch unter die Wasserstandsmarke, oder ist es durch Nachlässigkeit so tief gesunken, daß sein Stand nicht mehr mit Sicherheit erkannt werden kann oder zeigen sich starke Undichtheiten, ein Erglühen oder Formveränderungen (Beulen, Risse) an Kesselwandungen, so darf unter keinen Umständen gespeist werden. Vielmehr sind sofort das Feuer zu löschen, der Kaminschieber zu öffnen, die Dampfventile zu schließen und der Vorgesetzte zu benachrichtigen. Das Ablassen von Dampf darf nur langsam geschehen. Der Kessel muß genau untersucht und darf nicht eher wieder gespeist werden, als bis Kessel und Mauerwerk gehörig abgekühlt sind.

17. Vor jedem Stillstande des Kessels und, wenn irgend tunlich, während des Stillstandes ist der Kessel über den gewöhnlichen Wasserstand zu speisen, das Feuer zu dämpfen und der Zug zu beschränken. Vor längerem Stillstand und am Schlusse der Arbeitszeit ist das Feuer ganz zu löschen und der Kaminschieber vollständig zu schließen[1]).

18. Beim Schichtwechsel sowie vor und nach jedem Stillstande des Kessels hat sich der Heizer von dem ordnungsmäßigen Zustande der Anlage und namentlich aller Ausrüstungsteile zu überzeugen. Nach jeder Reinigung hat der Heizer oder eine andere geeignete Person den Kessel und seine Feuerzüge zu befahren und dabei genau zu untersuchen.

[1]) Beim Abstellen des Betriebs empfiehlt es sich, den Kessel sowie auch den Überhitzer zu schließen. Eher soll ein Unterdruck in denselben entstehen, als daß Luft eintritt, welche zu Korrosionen Anlaß gibt (vgl. S. 105).

19. Das gänzliche Ablassen eines Kessels darf nur geschehen, wenn das Feuer gelöscht, durch Öffnen des Kaminschiebers das Mauerwerk abgekühlt und der Dampfdruck unter eine Atmosphäre gesunken ist. Das Ablassen darf niemals beim Schichtwechsel und nur unter Aufsicht eines Sachverständigen vorgenommen werden.

20. Teilweises Ablassen des Wassers bis zur Wasserstandsmarke ist bei Kesseln, die viel Schlamm absetzen oder schwierig zu reinigen sind, z. B. bei allen Rohrkesseln, möglichst häufig nach längerem Stillstande, bei Kesseln, die über Nacht still liegen, jeden Morgen vor dem Anheizen vorzunehmen, nachdem abends vor dem Abstellen überschüssiges Wasser in den Kessel gepumpt worden ist. Abgesehen hiervon ist die Entnahme von Wasser aus dem in Betrieb befindlichen Kessel unstatthaft.

21. Schlammiges Wasser ist möglichst oft durch gänzliches Ablassen zu entfernen; außerdem soll dies nach längerem Stillstande des Kessels durch vorsichtiges teilweises Ablassen bis zur gesetzlichen Wasserstandsmarke geschehen.

22. Das Füllen der Kessel mit frischem Wasser darf nur geschehen, wenn Kessel und Mauerwerk gehörig abgekühlt sind. Den leeren Kessel mit kaltem Wasser abzukühlen, ist untersagt.

23. Züge und Kesselwandungen müssen, so oft als möglich, gründlich von Asche und Ruß gereinigt werden.

24. Der Kesselstein muß überall gründlich und mit nicht zu scharfen Werkzeugen abgeklopft werden. Hierbei sind jedoch heftige Schläge, namentlich an den Nieten und Fugen, zu vermeiden. Schlamm ist durch

Abkratzen und Auswaschen zu entfernen. Ohne ausdrücklichen Auftrag der Vorgesetzten dürfen dem Kesselspeisewasser keine Zusätze, besonders keine „Geheimmittel gegen Kesselstein" beigemengt werden. Vor Beginn der Reinigung müssen etwa nebenan gelegene und in Betrieb stehende Kessel in allen Leitungen durch Blindflanschen oder durch Herausnahme von Leitungszwischenstücken sichtbar abgesperrt werden. Anstrichmassen, die leichtflüchtige, gesundheitschädliche oder brennbare Stoffe enthalten (Teeröle, Mineralöle u. dgl.), dann gewöhnlicher Steinkohlenteer sollen zum Anstreichen des Kesselinnern nicht benützt werden. Die dem Feuer benachbarten Kesselwandungen betriebener Kessel dürfen niemals einen Anstrich auf der Wasserseite erhalten.

25. Undichtheiten und sonstige Schäden an Kessel, Ausrüstung oder Mauerwerk sind sofort dem Vorgesetzten anzuzeigen und durch Sachverständige zu beseitigen.

26. Vor Leckwasser und ausströmenden Dämpfen sind alle Teile des Kessels sowie seine Einmauerung sorgfältig zu schützen.

27. Außer Betrieb stehende Kessel sind im Winter durch vollständige Entleerung, auch der Rohrleitungen, vor Einfrieren zu schützen.

28. Den Dampfkesselbesitzern ist es anheimgegeben, weitergehende Sicherheitsvorschriften zu erteilen.

Der Kesselwärter.

Der Industrielle braucht einen Kesselwärter, welcher möglichst sparsam und sicher arbeitet, in allem bewandert ist, was seinen Dampfkessel betrifft und alle Instandhaltungsarbeiten an Ventilen, Wasserständen usw. selbst besorgt. Manche Länder haben Heizerschulen und den Zeugniszwang bzw. den Befähigungsnachweis eingeführt. Andere bedienen sich der Lehrheizer, wieder andere veranstalten Wettheizversuche. Meines Erachtens ist es das Richtigste, den Kesselwärter, soweit er nicht durch ältere Kollegen eingeschult wird, durch einen tüchtigen Lehrheizer, und zwar in der betreffenden Anlage selbst, abrichten zu lassen. Denn jeder Brennstoff und jede Kesselbauart verlangen ihre eigenartige Bedienung.

Jedenfalls steht fest, daß zu einem brauchbaren Kesselwärter ein pflichtbewußter, pünktlicher, geistesgegenwärtiger und nüchterner Mann gehört, Eigenschaften, welche weder durch eine Schule zu erlangen, noch durch eine Heizerprüfung nachzuweisen sind. Im Gegenteil ist der geprüfte Heizer dem ungeprüften oft nur im Eigendünkel überlegen.

An dieser Stelle möge auch darauf hingewiesen sein, daß vielfach der Heizer nicht der Wichtigkeit seiner Stellung entsprechend bezahlt ist. Der Fabrikleiter schadet aber in erster Linie sich selbst, wenn er wegen einer kleinen Lohnersparnis einen weniger tüchtigen Wärter anstellt. Denn beim Dampfkessel hängt die Wärmeausnützung in erheblichem Maße von der Aufmerksamkeit und Sachkenntnis des Heizers ab. Es empfiehlt sich deshalb, den Heizer gut zu bezahlen und ihn durch Kohlenprämien an dem Betrieb zu interessieren[1]).

Feuerungskontrolle.

Es ist für die Wirtschaftlichkeit des Dampfkesselbetriebs von größter Wichtigkeit, daß die Feuerung gut instand gehalten und so bedient wird, daß der Luftüberschuß weder zu groß, noch zu klein ist. Zu großer

[1]) Vgl. auch die Ausführungen S. 54, 79 und 96 im I. Teil.

Luftüberschuß tritt meist dann ein, wenn der Rost zu schwach belegt ist. Man darf deshalb mit der Schichthöhe, welche normal 10—12 cm betragen soll[1]), nicht unter 6—7 cm heruntergehen. Ist die Belastung dauernd eine geringere, so empfiehlt sich die Verkleinerung des Rostes. Bei zu geringer Rostleistung ist es nämlich sehr schwer, die ganze Rostfläche gleichmäßig zu bedecken. Wenn hierbei der Rost nicht ganz sorgfältig überwacht wird, so entstehen leicht Löcher, bei mechanischen Rostbeschickern Wellen, durch welche die Luft im Überschuß eintritt. Bei Handfeuerung ist man noch am ehesten in der Lage, mit kleiner Schichthöhe zu arbeiten. Dies beweisen die Rekordversuche an Lokomobilen, die meist mit ganz geringer Schichthöhe und entsprechend schwachem Zug ausgeführt werden.

Um sich von dem richtigen Funktionieren der Feuerung zu überzeugen, gibt es verschiedene Mittel. Die einfachsten bestehen darin, daß man das Aussehen des Feuers und die Rauchstärke beobachtet. Weitere Mittel bestehen in der Anwendung von Rauchgasthermometern, von Zugmessern und von Kohlensäuremessern[2]).

Insbesondere die beiden letzteren ermöglichen eine zuverlässige Feuerungskontrolle und sollten deshalb in keiner größeren Anlage fehlen. Sie gestatten nicht nur, den Heizer zu kontrollieren, sondern sie erleichtern auch dem letzteren die sachgemäße Feuerbedienung, insbesondere bei veränderlicher Belastung und bei wechselndem Brennstoff.

Im allgemeinen gilt, je niederer die Belastung ist, desto niederer soll auch die Schichthöhe sein, sofern man

---

[1]) Vgl. S. 79 im I. Teil.

[2]) In Betrieben mit gleichbleibender Belastung gibt schon die fortlaufende Kohlen- und Speisewassermessung ein Bild von der Güte der Feuerbedienung.

nicht vorzieht, den Rost zu verkleinern. Letzteres ist gemäß oben unbedingt zu empfehlen, wenn die Belastung dauernd eine geringe ist.

Beurteilung der Verbrennung nach dem Aussehen des Feuers.

Man beobachtet hierbei das Feuer auf seine Helligkeit. Ist das Feuer ganz weißglühend, so steht fest, daß mit einem zu großen Luftüberschuß gearbeitet wird. Ist andererseits das Feuer zu dunkel und bilden sich qualmende Flammen (Rauchspiralen), so ist die Luftzufuhr eine ungenügende, die Verbrennung also eine unvollkommene. Man muß dann mehr Luft geben bzw. eine niedrigere Schichthöhe halten.

Meist ist die Verbrennung dann eine gute, wenn das Feuer eine hellkirschrote bis hellgelbe Farbe aufweist. Allerdings wird die Helligkeit des Feuers auch noch vom Brennstoff und von der Art der Feuerung beeinflußt. In einer Vorfeuerung entstehen bei gleich guter Verbrennung höhere Temperaturen als in einer Innenfeuerung. Dementsprechend wird in der ersteren das Feuer ein helleres sein. Immerhin jedoch bekommt man bei einem bestimmten Kessel nach längerer Übung ganz brauchbare Resultate, insbesondere wenn man des öfteren Kontrollversuche mittels eines Kohlensäuremessers macht.

Zugmeßvorrichtungen.

Dieselben stellen die einfachsten Kontrollapparate dar. Man unterscheidet einfache Zugmesser, Differenzzugmesser und Verbundzugmesser.

Der gewöhnliche Zugmesser besteht aus einem U-förmig gebogenen, mit gefärbtem Wasser gefüllten

Glasrohr oder aus Zeigerapparaten mit und ohne Registriervorrichtung. Es handelt sich hier darum, den Unterdruck zu bestimmen, welcher in dem Feuerraum oder in den Feuerzügen herrscht. Meist begnügt man sich hierbei mit der Bestimmung der Zugstärke bzw. des Unterdrucks in Millimeter Wassersäule am Ende der Feuerzüge, vor dem Rauchschieber gemessen.

Je stärker der Kessel beansprucht wird, mit desto größerer Zugstärke und höherer Brennstoffschicht ist zu arbeiten und umgekehrt. Wenn bei unveränderter Stellung des Rauchschiebers der Unterdruck wächst, so ist dies ein Zeichen für die zunehmende Verschlackung des Rostes. Geht andererseits die Anzeige des Zugmessers zurück, so deutet dies darauf hin, daß entweder die Kohlenschicht zu weit niedergebrannt ist oder daß sich Lücken in derselben befinden, daß infolgedessen mit zu großem Luftüberschuß gearbeitet wird.

Der Heizer arbeitet dann am günstigsten, wenn er stets danach trachtet, mit der geringsten Rauchschieberöffnung, d. h. mit dem geringsten Zug auszukommen. Denn dann ist der Luftüberschuß möglichst gering bzw. der Kohlensäuregehalt möglichst groß.

Der Differenzzugmesser mißt, wie schon der Name sagt, den Zugunterschied zwischen zwei verschiedenen Stellen der Feuerzüge. Als Meßstellen kommen in Betracht der Feuerraum und das Zugende vor dem Rauchschieber. Man kann hier ebenfalls ein U-förmiges Rohr verwenden oder aber Zeigerapparate mit und ohne Registriervorrichtung.

Die Anzeigen des Differenzzugmessers ändern sich bei gleichbleibendem Stand des Rauchschiebers in entgegengesetztem Sinn wie diejenigen des einfachen Zugmessers. Wenn die Brennstoffschicht niedergebrannt ist, oder wenn Löcher in derselben sind, so tritt mehr Luft ein und der Zugunterschied wird dementsprechend größer. Das allmähliche Verschlacken des Rostes hingegen macht sich bei gleicher Stellung des Rauchschiebers dadurch bemerkbar, daß der Zugunterschied abnimmt.

Je stärker der Kessel beansprucht wird, desto größer ist das durch die Feuerzüge strömende Gasvolumen, desto größer fällt der Zugunterschied aus und umgekehrt. Der Heizer arbeitet dann am günstigsten, wenn er die normale Dampfmenge mit dem kleinsten Zugunterschied erzeugt.

Wenn man beim einfachen Zugmesser nicht gleichzeitig die Stellung des Rauchschiebers beachtet, so kann man zu ganz falschen Schlüssen gelangen. Bei Abnahme der Zugstärke glaubt man, mit geringerem Luftüberschuß zu arbeiten, übersieht aber hierbei, daß Löcher in der Brennschicht sein können und daß dann im Gegenteil mit hohem Luftüberschuß gearbeitet wird. Bei großer Zugstärke hingegen glaubt man auf reichliche Luftzufuhr schließen zu müssen, während tatsächlich infolge Verschlackung des Rostes das Gegenteil der Fall sein kann. Man sollte deshalb außer einem einfachen Zugmesser möglichst noch einen Differenzzugmesser anwenden. Dies führt uns zu dem sog. Verbundzugmesser.

Der Verbundzugmesser ist eine Vereinigung des einfachen und des Differenzzugmessers in der Weise, daß beide in einem gemeinsamen Gehäuse untergebracht sind und auf einem gemeinsamen Zifferblatt anzeigen. Der Apparat wird mit und ohne selbsttätige Registriereinrichtung gebaut.

Bei unveränderter Rostleistung soll sowohl der Unterdruck als auch der Zugunterschied konstant bleiben. Wird der Rauchschieber mehr geöffnet bzw. die Kesselleistung vergrößert, so stellen sich beide Zeiger auf etwas höhere Werte ein und umgekehrt. Ist andererseits die Kohlenschicht zu weit niedergebrannt oder sind Lücken in derselben, so wird der Unterdruck kleiner, der Zugunterschied aber größer, ein Zeichen, daß jetzt infolge zu reichlichen Luftzutritts ein größeres Gasvolumen zu fördern ist als vorher. Der Heizer wird somit darauf hingewiesen, neu aufzuwerfen bzw. die Brennstoffschicht zu ebnen.

Ist hingegen der Rost verschlackt, so tritt zu wenig Luft ein und die Verbrennung wird unvollkommen. Der Verbundzugmesser zeigt dies durch Wachsen des Unterdrucks und durch Fallen des Zugunterschieds an. Um wieder die normale Zugdifferenz zu bekommen, ist der Unterdruck zu erhöhen bzw. der Rauchschieber weiter zu öffnen. Ist letzterer bis zur äußersten Grenze aufgezogen, eine weitere Erhöhung des Unterdrucks also nicht mehr möglich, so muß unbedingt abgeschlackt werden.

Die günstigste Zeigerstellung oder allgemein ausgedrückt, der günstigste Unterdruck und Zugunterschied hängt vom Brennstoff, von der Art und Größe der Anlage, von der Art des Betriebes und anderen Faktoren ab. Man kann deshalb den günstigsten Unterdruck und Zugunterschied für eine Anlage nur auf experimentellem Wege ermitteln, sei es durch Probieren (Kohlenwägung), sei es mit Hilfe eines Kohlensäuremessers.

Kohlensäuremesser.

Dies sind Apparate, welche zur Ermittlung der Zusammensetzung der Rauchgase, insbesondere zur Bestimmung ihres Kohlensäuregehaltes dienen. Hierher gehört der gewöhnliche, von Hand zu bedienende Orsatapparat sowie die verschiedenen selbsttätigen Gasanalysatoren. Bei den letzteren wird der Kohlensäuregehalt selbsttätig auf einer Trommel registriert[1]). In welcher Weise aus dem Kohlensäure- und Sauerstoffgehalt auf das Vorhandensein brennbarer Gase geschlossen werden kann, ergibt sich aus den weiter unten folgenden Darlegungen.

Rauchgasthermometer.

Unter sonst gleichen Verhältnissen wird die Abgastemperatur, ebenso wie die Zugstärke, um so niederer ausfallen, je höher der Kohlensäuregehalt der Rauchgase ist und umgekehrt. Andererseits jedoch kann eine hohe Abgastemperatur auch die Folge einer großen Kesselanstrengung oder einer starken Verunreinigung der Heizflächen sein[2]). Wo letzteres nicht zutrifft, fehlt es am Rost, sei es daß derselbe unachtsam bedient wird oder daß er zu groß ist und des Abdeckens bedarf[3]).

Je größer der Luftüberschuß ist, desto mehr sinkt die Temperatur im Feuerungsraum und damit auch das Temperaturgefälle nach dem Kesselinnern. Je weniger aber im Feuerungsraum Wärme übergeht, desto höher ist die Abgastemperatur, d. h. desto mehr verschieben sich die Temperaturverhältnisse zugunsten der hinteren Kesselpartien. Damit hängt es auch zusammen, daß man bei größerem Luftüberschuß auf höhere Überhitzungstemperaturen kommt. Ist andererseits der Luftüberschuß klein, d. h. der Kohlensäuregehalt der Rauchgase groß und man bekommt trotzdem eine abnormal

[1]) Erwähnt seien hier nur die Apparate von Krell-Schultze, der Ados-Apparat sowie die Apparate von J. Pintsch, A.-G. und von J. C. Eckardt.

[2]) Vgl. S. 95 und 103 im I. Teil.

[3]) Vgl. S. 121.

hohe Überhitzung, so deutet dies auf die Bildung brennbarer Gase hin, die erst vor oder in dem Überhitzer zur Entzündung kommen.

Rauchstärke.

Die Feststellung der Rauchstärke kann durch einfache Beobachtung der Schornsteinmündung oder mit Hilfe eines besonderen Apparates erfolgen. Es ist zwar nicht gesagt, daß bei rauchlosem Schornstein am wirtschaftlichsten gefeuert wird, denn bei gänzlicher Rauchlosigkeit ist es leicht möglich, daß der Luftüberschuß zu groß ist. So viel jedoch steht fest, daß bei starker Rauchbildung beträchtliche Wärmeverluste durch Ruß und vor allem durch brennbare Gase entstehen. Der Heizer soll deshalb möglichst oft nach der Schornsteinmündung sehen und die Folgen seiner Feuerbedienung beobachten. Damit dies in bequemer Weise vom Heizerstand aus möglich ist, empfiehlt sich die Anbringung von Fenstern (Oberlichtern) oder von Spiegeln.

Nachweis brennbarer Gase (Kohlenoxyd, Kohlenwasserstoffe).

Dieser Nachweis kann direkt auf experimentellem Wege oder aber mittelbar in der Weise geschehen, daß man aus der Summe des Kohlensäure- und Sauerstoffgehalts der Rauchgase Schlüsse auf die Güte der Verbrennung zieht. Da die Luft 21 Vol.-Proz. Sauerstoff enthält, so kann die Summe von Kohlensäure und Sauerstoff höchstens 21 betragen (bei reinem Kohlenstoff). In Wirklichkeit liegt die Summe, je nach der Zusammensetzung des Brennstoffs und dem Luftüberschuß, etwas unter 21.

Die Tabelle S. 130 enthält für verschiedene Brennstoffe und verschiedenen Luftüberschuß die Summen des

Kohlensäure- und Sauerstoffgehalts, wie sie sich bei vollständiger Verbrennung ergeben. Bleibt die mittels des Orsat-Apparates ermittelte Summe unter diesen Tabellenwerten, so ist anzunehmen, daß die Verbrennungsprodukte noch unverbrannte Gase enthalten.

Allerdings ist zu berücksichtigen, daß die Tabellenwerte eigentlich nur für Feuerungen, welche mit Anthrazit

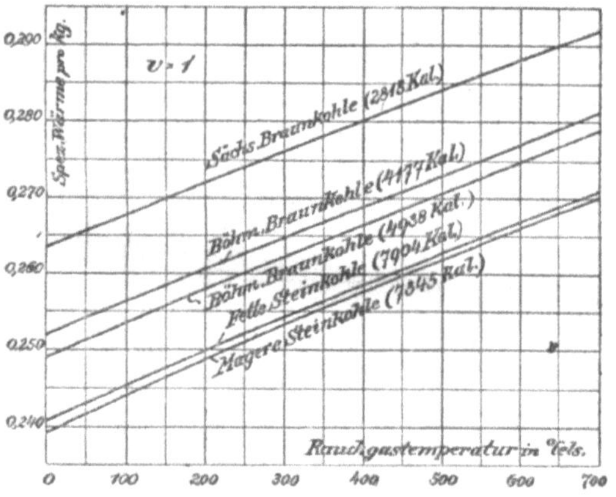

Fig. 54. Spezifische Wärme bei konstantem Druck, bez. auf 1 kg Rauchgas, in Abhängigkeit von der Temperatur, bei vollkommener Verbrennung ($v = 1$), gültig für die Brennstoffe der Tabelle S. 130.

oder Koks betrieben werden und welche sich im Beharrungszustand befinden, annähernd zutreffen. Da aber meist bituminöse, d. h. gas- und teerreiche Brennstoffe zur Verfeuerung kommen, so besitzen solche Zahlen nicht die Bedeutung, welche man ihnen häufig beilegt. Denn sie können, ihres allgemeinen Charakters wegen, keine Rücksicht auf den Gehalt der Kohle an leichten und schweren Kohlenwasserstoffen nehmen. Der Teer aus der Kohle verbrennt aber nur sehr schwer und bildet, je nach den Temperaturverhältnissen, eine Unmenge von Kondensationsprodukten.

Außerdem nehmen derartige Tabellen keine Rücksicht darauf, daß während der Entgasung ein Mangel an Sauerstoff, während der eigentlichen Verbrennung aber

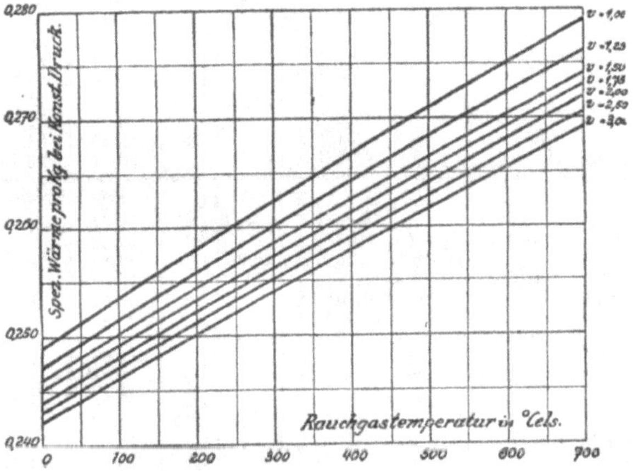

Fig. 55. Spezifische Wärme bei konstantem Druck, bez. auf 1 kg Rauchgas, in Abhängigkeit von Temperatur und Luftüberschuß, gültig für die hochwertige böhmische Braunkohle der Tabelle S. 130.

ein Überschuß an solchem vorhanden ist. Aus diesem Grunde gelten die Tabellenwerte erst von dem Moment ab, wo die Entgasung beendet ist. Am meisten treffen sie noch für mechanische Feuerungen zu, da bei diesen der Verbrennungszustand dauernd der gleiche ist und man deshalb einwandfreie Gasproben entnehmen kann.

Immerhin sind die Zahlen ganz brauchbar, wenn es sich um wesentliche Abweichungen des Kohlensäure-

Menge, Kohlensäuregehalt und spez. Wärme der

Art der Kohle	Zusammensetzung und Heizwert der Kohle	Theoret. Luftbedarf pro kg Kohle kg	Luftüberschuß-Koeffizient v	Gasvolumen pro kg Kohle bei 0° und 760 mm Q. S. ohne Wasserdampf cbm	mit Wasserdampf cbm
Fette Steinkohle (Ruhrgebiet) Flüchtige Bestandteile 19,60 %	C = 83,58 % H = 4,65 % O + N = 4,48 % S = 1,16 % W = 1,31 % A = 4,82 % Heizwert 7904 Kal.	11,19	1 1,25 1,5 1,75 2 2,5 3	8,37 10,53 12,68 14,83 16,99 21,30 25,61	8,91 11,07 13,22 15,37 17,53 21,84 26,15
Magere Steinkohle (Ruhrgebiet) Flüchtige Bestandteile 8,99 %	C = 78,60 % H = 3,68 % O + N = 4,25 % S = 1,14 % W = 0,76 % A = 11,57 % Heizwert 7345 Kal.	10,29	1 1,25 1,5 1,75 2 2,5 3	7,73 9,71 11,69 13,67 15,65 19,61 23,57	8,15 10,13 12,11 14,09 16,07 20,03 23,99
Böhm. Braunkohle (hochwertig) Flüchtige Bestandteile 37,09 %	C = 52,00 % H = 4,19 % O + N = 11,17 % S = 3,71 % W = 21,5 % A = 7,43 % Heizwert 4938 Kal.	7,19	1 1,25 1,5 1,75 2 2,5 3	5,37 6,75 8,14 9,52 10,91 13,67 16,44	6,11 7,49 8,87 10,26 11,64 14,41 17,18
Böhm. Braunkohle (minderwertig) Flüchtige Bestandteile 31,49 %	C = 46,80 % H = 3,82 % O + N = 14,48 % S = 1,14 % W = 24,6 % A = 9,16 % Heizwert 4177 Kal.	6,21	1 1,25 1,5 1,75 2 2,5 3	4,65 5,85 7,04 8,23 9,43 11,82 14,21	5,39 6,58 7,78 8,97 10,16 12,55 14,94
Sächs. Braunkohle Flüchtige Bestandteile 27,58 %	C = 31,12 % H = 2,79 % O + N = 9,42 % S = 3,87 % W = 47,45 % A = 5,35 % Heizwert 2818 Kal.	4,37	1 1,25 1,5 1,75 2 2,5 3	3,26 4,10 4,94 5,78 6,63 8,31 9,99	4,16 5,01 5,85 6,69 7,53 9,21 10,89

[1]) Näheres über die Berechnung findet sich im I. Teil, S. 34. Bezüglich O und N

Rauchgase bei verschiedenem Luftüberschuß[1]).

Gasgewicht pro kg Kohle		Kohlensäuregehalt der Rauchgase	Sauerstoffgehalt der Rauchgase	Kohlensäure- u. Sauerstoffgehalt der Rauchgase	Spez. Wärme bei konst. Druck (760 mm Q. S.) und 0°	
ohne Wasserdampf kg	mit Wasserdampf kg	Vol.-%	Vol.-%	Vol.-%	pro kg nasses Rauchgas	pro cbm nasses Rauchgas
11,61	12,04	18,5	0	18,5	0,241	0,325
14,39	14,82	14,7	4,3	19,0	0,240	0,322
17,16	17,59	12,2	7,1	19,3	0,240	0,319
19,93	20,37	10,4	9,1	19,5	0,240	0,317
22,71	23,14	9,1	10,6	19,7	0,239	0,316
28,26	28,69	7,3	12,7	20,0	0,239	0,314
33,81	34,24	6,0	14,1	20,1	0,239	0,313
10,74	11,08	18,9	0	18,9	0,239	0,325
13,29	13,63	15,0	4,3	19,3	0,239	0,321
15,84	16,18	12,5	7,1	19,6	0,239	0,319
18,39	18,73	10,7	9,1	19,8	0,239	0,317
20,94	21,28	9,3	10,6	19,9	0,239	0,316
26,04	26,38	7,5	12,7	20,2	0,238	0,314
31,14	31,48	6,2	14,1	20,3	0,238	0,313
7,46	8,05	18,0	0	18,0	0,249	0,329
9,24	9,83	14,3	4,3	18,6	0,247	0,325
11,02	11,61	11,9	7,1	19,0	0,246	0,322
12,80	13,40	10,2	9,1	19,3	0,245	0,320
14,59	15,18	8,9	10,6	19,5	0,244	0,318
18,15	18,74	7,1	12,7	19,8	0,243	0,315
21,72	22,31	5,9	14,1	20,0	0,242	0,314
6,46	7,05	18,7	0	18,7	0,252	0,330
8,00	8,59	14,8	4,3	19,1	0,249	0,325
9,54	10,13	12,3	7,1	19,4	0,247	0,322
11,08	11,67	10,5	9,1	19,6	0,246	0,320
12,62	13,21	9,2	10,6	19,8	0,245	0,319
15,69	16,28	7,3	12,7	20,0	0,244	0,316
18,77	19,36	6,1	14,1	20,2	0,243	0,315
4,54	5,27	17,7	0	17.7	0,264	0,334
5,63	6,35	14,1	4,3	18,4	0,259	0,329
6,71	7,43	11,7	7,1	18,8	0,256	0,326
7,79	8,52	10,0	9,1	19,1	0,254	0,323
8,87	9,60	8,7	10,6	19,3	0,252	0,321
11,04	11,76	7,0	12,7	19,7	0,250	0,319
13,20	13,93	5,8	14,1	19,9	0,248	0,317

wurde angenommen, daß in sämtlichen Brennstoffen 0,7% N enthalten sind.

und Sauerstoffgehalts handelt. Man kann alsdann mit Sicherheit auf das Vorhandensein unverbrannter Gase schließen. Sollen die letzteren aber genau bestimmt

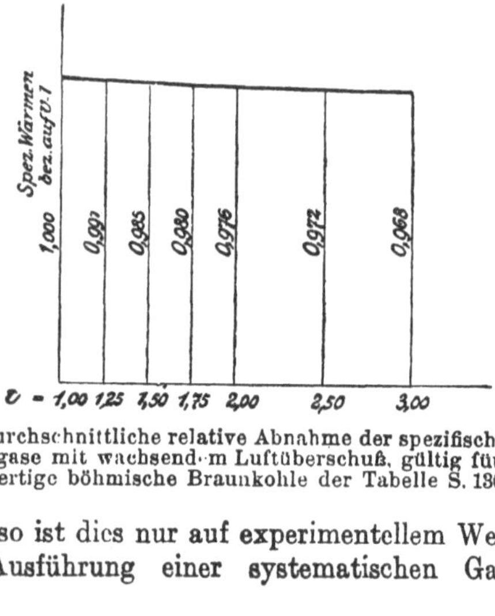

Fig. 56. Durchschnittliche relative Abnahme der spezifischen Wärme der Rauchgase mit wachsendem Luftüberschuß, gültig für die hochwertige böhmische Braunkohle der Tabelle S. 130.

werden, so ist dies nur auf experimentellem Wege, d. h. durch Ausführung einer systematischen Gasanalyse möglich.

Speisewasser- und Dampfmesser.

Dieselben dienen zur ständigen Überwachung der Leistung einer Kesselanlage. Bestimmt man gleichzeitig durch fortlaufende Kohlenwägung den Brennstoffverbrauch, so kann man jederzeit die Dampfkosten berechnen und hat damit ein Bild von der Wirtschaftlichkeit des Betriebs.

Man unterscheidet Wassermesser mit Flügelrad, mit Trommel, mit Kolben sowie solche mit geeichten Gefäßen. Sehr verbreitet ist der mit Kolben ausgerüstete Kennedy-Wassermesser der Firma J. C. Eckardt in Cannstatt. Derselbe hat sich gut bewährt und arbeitet bei richtiger Instandhaltung mit genügender Genauigkeit. Bei zahlreichen Untersuchungen betrug der Fehler des Apparats weniger als 2%.

Die Entwicklung der Dampfmesser ist erst neueren Datums. Am meisten werden dieselben in der chemischen Industrie verlangt, da hier große Dampfmengen zu Heiz- und Kochzwecken benötigt werden. Von dieser Industrie sind deshalb die meisten Anregungen ausgegangen. In Dampfkraftwerken hat sich das Bedürfnis nach Dampfmessern bisher am wenigsten geltend gemacht. Und doch ist auch hier ein Dampfmesser sehr angebracht, da sich die oft recht störenden Schwankungen des Dampfdrucks nur vermeiden lassen, wenn der Kesselwärter Änderungen der Dampfentnahme augenblicklich bemerken kann. Das Manometer zeigt dieselben aber viel zu spät an.

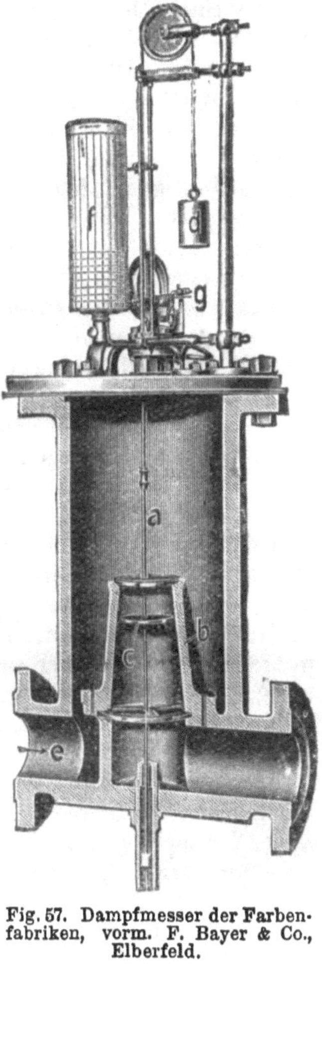

Fig. 57. Dampfmesser der Farbenfabriken, vorm. F. Bayer & Co., Elberfeld.

Die einen Dampfmesser beruhen auf dem Prinzip des Flügelrads, die andern auf demjenigen des Schwimmers, während sich eine dritte Art als reine Strömungsmesser darstellt[1]). Die letzteren beruhen auf der Messung des Spannungsabfalls, welcher durch eine Drosselstelle in der Dampfleitung erzeugt wird.

Fig. 57 zeigt den Schwimmerdampfmesser der Farbenfabriken vorm. F. Bayer & Co. Der Dampf strömt bei *e* in den Raum *a* ein und muß in der Folge den Hohlkegel *b* passieren. Infolgedessen bewegt sich der durch Gegengewicht *d* beschwerte Teller *c* um so mehr nach abwärts, je größer die Dampfentnahme ist. Diese Bewegung wird auf Trommel *f* aufgezeichnet.

Kesselexplosionen.

„Eine Explosion liegt dann vor, wenn die Wandung eines Dampfkessels eine Trennung in solchem Umfang erleidet, daß durch Ausströmen von Wasser und Dampf eine plötzliche Ausgleichung der Spannungen innerhalb und außerhalb des Kessels stattfindet." Kesselexplosionen sind meistens auf Unachtsamkeiten des Bedienungspersonals (Wassermangel usw.) zurückzuführen, während die Verwendung schlechten Speisewassers oder mangelhafte Konstruktion und schlechtes Material oder endlich Anrostungen der Kesselbleche weit seltener die Ursachen von Explosionen bilden.

Weitaus die meisten Explosionen sind auf Wassermangel zurückzuführen[2]). Sinkt beispielsweise infolge einer Verstopfung der Wasserstandsapparate oder infolge unrichtiger Stellung der Wasserstandshähne, in-

[1]) Näheres über die verschiedenen Systeme findet sich in der Zeitschr. d. Ver. deutscher Ing. 1909, S. 13.

[2]) Wassermangel ist vielleicht zu ca. 90% die Ursache aller Kesselexplosionen.

folge mangelhaften Funktionierens der Speisevorrichtung, infolge unzweckmäßiger und unübersichtlicher Einrichtung der Gesamtanlage oder infolge fahrlässiger Bedienung derselben der Wasserstand im Kessel zu tief, so wird ein Teil der Heizwandungen innen nicht mehr vom Wasser, sondern vom Dampf bespült. Da der letztere aber ein schlechter Wärmeleiter ist, so wird sich an den dampfberührten Stellen die Wärme stauen und die Kesselwandung eine unzulässige Erwärmung erfahren, die sich unter Umständen bis zur Weißglut steigern kann. Die Folge ist ein Weichwerden und Nachgeben des Blechs. Nach welcher Seite hin das Ausweichen des Materials eintritt, bestimmt der Dampfdruck, welcher seinerseits bestrebt ist, die eingetretene Unrundung zu vergrößern und dadurch eventuell einen Materialbruch bzw. eine Explosion herbeizuführen. Handelt es sich beispielsweise um einen Walzenkessel, so wird derselbe eine Ausbauchung erfahren, während das Flammrohr eines Cornwallkessels eine Einbeulung erleidet. Insbesondere bei dem letzteren kann sich eine durch Wärmestauung eingeleitete Durchbiegung unter der Wirkung des Dampfdrucks zu ganz bedeutenden Einbeulungen ausbilden. Dabei ist es erfahrungsgemäß nicht notwendig, daß die betroffenen Stellen in glühendem Zustand waren. Es genügen vielmehr auch niedrigere Temperaturen zur Einleitung der Deformation.

Glücklicherweise hat bei den heutigen zähen Eisensorten nicht jede Deformation ein Reißen des Kesselblechs oder der Nietverbindungen zur Folge. Es kommt vielmehr nicht selten vor, daß Flammrohre die weitgehendsten Formänderungen aushalten, ohne aufzureißen, ein Zeichen für die hervorragende Güte des verwendeten Materials.

Wenn infolge von Wassermangel die Wandungen eine Überhitzung erfahren und dadurch notgelitten haben, so ist es zweckmäßig, das Speisen zu unterlassen, da eine eventuell eintretende Explosion um so verheerender ausfällt, je größer der Kesselinhalt ist. Der Heizer entfernt in diesem Fall besser das Feuer, öffnet Feuertür und Rauchschieber, damit die Dampfspannung heruntergeht und überläßt dann den Kessel sich selbst, indem er sich mit den andern, in der Nähe beschäftigten Personen in respektvolle Entfernung begibt.

Nächst dem Wassermangel bildet die Verwendung schlechten Speisewassers die häufigste Ursache von Kesselexplosionen. Ist das Wasser hart oder ölhaltig, so bildet sich im Innern eine — die Wärme schlecht leitende — Kesselstein- oder Ölschicht, die den Wärmedurchgang hemmt und eine örtliche Wärmestauung im Kesselblech sowie eventuell eine Ausbiegung desselben zur Folge hat. Diese Ausbiegung kann sich im gegebenen Fall wieder als Einbeulung oder als Ausbauchung äußern. Naturgemäß werden diejenigen Stellen der Kesselheizfläche am meisten zu derartigen Ausbiegungen neigen, welche am stärksten angestrengt sind, d. h. bei welchen der Wärmedurchgang am intensivsten ist (Feuerbleche).

Nicht selten werden Einbeulungen an Feuerblechen oder sonstige durch Feuer entstandene Beschädigungen auf die Wirkung von Stichflammen zurückgeführt. Die Erfahrung und das Experiment lehren aber, daß eine mit atmosphärischer Luft brennende Stichflamme keine so hohe Temperatur besitzt, um eine, wenn auch kleine Stelle der Wandung eines mit Wasser gefüllten eisernen Gefäßes zum Glühen zu bringen. Um eine solche Erglühung herbeizuführen, ist eine Sauerstoff-Stichflamme erforderlich. Aber nicht nur der Umstand, daß das

Kesselfeuer mit atmosphärischer Luft betrieben wird, schließt die Möglichkeit des Entstehens einer derartigen Stichflamme aus. Auch der Umstand, daß ein Schornstein keine Druckunterschiede hervorbringen kann, wie sie zur Bildung eines geschlossenen, genügend langen Flammenstrahls notwendig wären, bietet eine Sicherheit gegen die Überhitzung reiner Kesselwände.

Explosionen infolge zu hoher Dampfspannung sind nur bei großer Unachtsamkeit des Heizers denkbar, da jeder Kessel mit Manometer und Sicherheitsventil ausgerüstet ist. Wenn auch das Manometer — was bei den regelmäßig stattfindenden Revisionen nicht wohl anzunehmen ist — defekt sein und falsch anzeigen sollte, so bleibt noch immer das Sicherheitsventil, welches bei Überschreiten der höchsten Spannung deutlich hörbar abzublasen beginnt[1]). Allerdings kommt es bisweilen vor, daß das Sicherheitsventil verbotenerweise festgekeilt oder festgebunden wird, in der Absicht, mit höherer Spannung zu arbeiten.

Um ein Festsetzen bzw. Nichtfunktionieren des Sicherheitsventils zu vermeiden, ist eine öftere Lüftung desselben, zweckmäßig jeden Tag einmal, zu empfehlen.

Naturgemäß können auch schlechte Konstruktion oder mangelhaftes Material die Veranlassung zu Explosionen bilden. Jedoch sind diese Fälle verhältnismäßig selten, da es bei der heutigen scharfen Konkurrenz im eigensten Interesse jeder Firma gelegen ist, nur das Beste auf den Markt zu bringen. Zudem werden die Kessel bei ihrer Konzessionierung einer genauen Nachrechnung und Prüfung unterzogen, so daß Konstruktions- oder Ausführungsfehler schwerlich unent-

---

[1]) Der Kessel ist alsdann zu speisen, der Zug zu verringern und gegebenenfalls das Feuer vom Rost zu entfernen.

deckt bleiben. Auch wird das Kesselbaumaterial vor seiner Verarbeitung daraufhin geprüft, ob es den Vorschriften[1]) entspricht.

Daß auch Verrostungen, Anfressungen[2]) und Altersschwäche die Ursache von Explosionen bilden können, braucht wohl nicht besonders hervorgehoben zu werden. Dagegen ist es eine zum mindesten unerwiesene Behauptung, wenn bisweilen der sog. Siedeverzug als die Ursache von Kesselexplosionen bezeichnet wird. Siedeverzüge kommen zwar unter gewissen Bedingungen vor, jedoch handelt es sich hierbei immer nur um einzelne Grade, um welche die Temperatur (bzw. Spannung) des Dampfes vorübergehend hinter derjenigen des Wassers zurückbleibt.

Auch der sog. Sphäroidalzustand des Wassers wird zuweilen als die Ursache von Kesselexplosionen angesehen. Man versteht hierunter die Eigenschaft kleiner Wassermengen, beim Aufwerfen auf glühende Metallplatten nicht zu sieden, weil der sich bildende Dampf eine direkte Berührung des Wassers mit der heißen Metallplatte verhindert. Beim Kessel könnte der Sphäroidalzustand dadurch herbeigeführt werden, daß in einen durch Wassermangel teilweise zum Glühen erhitzten Kessel frisches Wasser gespeist wird, welches dann in der Folge sehr rasch verdampft. Jedoch ist hier festzustellen, daß weder die durch die rasche Abkühlung eintretende Zusammenziehung des Kesselblechs, noch die behauptete stürmische Dampfentwicklung imstande sind, so hohe Materialanstrengungen hervorzubringen, daß die Kesselbleche aufreißen, ausgenommen in Fällen, wo der Kessel vor dem Speisen bereits be-

[1]) Vgl. S. 14.
[2]) Vgl. S. 105.

denklich geschwächt war. Daß andererseits die erzeugte Dampfmenge so bedeutend sein soll, um nicht mehr durch die Sicherheitsventile entweichen zu können, ist schon deshalb unwahrscheinlich, weil die in einigen glühenden Kesselplatten enthaltene Wärme, wie sich auf Grund einer einfachen kalorischen Rechnung nachweisen läßt, bei weitem nicht ausreicht, um eine größere Menge Wasser zu verdampfen.

Auch zu stark forcierter Betrieb kann unter Umständen zu Kesselexplosionen führen, insbesondere bei Kesseln mit geringer Wasserbewegung. Werden nämlich die sich an der Kesselwand bildenden Dampfblasen nicht durch eine kräftige Wasserströmung mitgenommen, so entsteht eine Wärmestauung, weil der Dampf ein schlechter Wärmeleiter ist. Diese Wärmestauung kann bei stark angestrengten Teilen der Heizfläche zu Beulen und eventuell zu Rissen führen.

Daß Explosionen von Kesseln um so verheerender wirken, je größer deren Wasserinhalt ist, leuchtet ohne weiteres ein. Am günstigsten verhält sich in dieser Beziehung der Wasserrohrkessel. Das Aufreißen eines einzelnen Rohres hat hier keine explosionsartige Wirkung wie bei einem Großwasserraumkessel, sondern nur eine Entleerung des Kesselinhalts zur Folge. Jedoch ist nicht zu verkennen, daß für das Leben der Bedienungsmannschaft dieselben Gefahren (durch Verbrühung) bestehen, wie beim Großwasserraumkessel. Auch Defekte an Rohrverschlüssen haben schon manchem Heizer das Leben gekostet[1]).

[1]) Bei der heute üblichen Art von Innenverschlüssen kommen Defekte an den Verschlüssen kaum mehr vor.

V. Abschnitt.

Kosten der Dampferzeugung.

Kosten des Dampfes.

Damit der Betrieb der in Betracht kommenden Maschinen und Apparate möglichst wohlfeil wird, ist es notwendig, das Betriebsmittel, den Dampf, auf möglichst rationelle Weise zu erzeugen, da der Dampfpreis in erster Linie die Betriebskosten beeinflußt. Der Dampfpreis, d. h. die Kohlenkosten pro 1000 kg Dampf, hängt hauptsächlich von dem Kohlen- bzw. Wärmepreis ab. Weiterhin ist von Einfluß auf den Dampfpreis die Wärmeausnützung, welche in der Kesselanlage erreicht wird.

Kostet z. B. eine Ruhrkohle von 7500 Kal. Heizwert frei Kesselhaus 280 *M* pro Doppelwaggon (10000 kg), so ergibt sich die Verdampfungsziffer (Normalverdampfungsziffer)[1]) zu $\frac{7500}{639,7} 0,75 =$ rund 8,8 und der Dampfpreis zu $\frac{1000}{8,8} 0,0280 = 3,18$ *M*.

Hierbei bedeutet 639,7 die Erzeugungswärme des Dampfs und 0,75 den — für durchschnittliche Verhältnisse bereits sehr hoch angenommenen — Wirkungsgrad der Kesselanlage.

Der Dampfpreis, wie er sich im Betrieb ergibt, weicht je nach der Spannung und Temperatur des Dampfes und je nach der Speisewassertemperatur von dem vor-

[1]) Vgl. I. Teil, S. 97.

stehend für Normaldampf berechneten nach oben oder unten hin ab.

Um die tatsächlichen Gestehungskosten des Dampfs zu bekommen, hat man zu den Brennstoffkosten noch die Kosten für Bedienung und Unterhaltung sowie diejenigen für Verzinsung und Abschreibung der Kesselanlage hinzuzufügen.

Kosten von Wasserreinigungs-Anlagen.

Dieselben sind verschieden, je nach dem angewendeten Reinigungsverfahren und je nach den Betriebsverhältnissen. Aber auch Apparate, in welchen das Wasser nach demselben Verfahren, z. B. nach dem Kalk-Sodaverfahren, weich gemacht wird, verursachen nicht immer dieselben Anschaffungskosten. Enthält z. B. ein Wasser viel kohlensauren Kalk, so daß es einen hohen Zusatz an gesättigtem Kalkwasser erfordert, so muß der Kalksättiger größere Abmessungen erhalten, als wenn es sich um ein Wasser von geringerer temporärer Härte handelt. Die Abmessungen eines Apparats hängen außerdem von der Gesamthärte des Wassers ab. Apparate für besonders hartes Wasser müssen reichlicher dimensioniert werden als solche für Wasser von geringerer Härte. Und endlich kommt auch die Temperatur in Betracht, bei welcher die Reinigung erfolgt. Vorgewärmtes Wasser erfordert kleinere Abmessungen als kaltes.

Die auf S. 146 zusammengestellten Preise beziehen sich auf Wasserreinigungsapparate für das Kalk-Sodaverfahren[1]). Die Preise sind gemäß oben als Durchschnittspreise aufzufassen, und zwar verstehen sie sich ohne Anschlußrohrleitungen und ohne Treppenaufgang für die Bedienung des Apparats.

[1]) Vgl. S. 102.

Kohlenpreise in Nürnberg 1910/11.

Kohlensorte	Korngröße ca. mm	Unterer Heizwert Kal.	Preis f. 10000 kg ab Zeche ca. M	Fracht bis Nürnberg ca. M	Anfuhr M	Einschaufeln M	Gesamte Kohlenkosten für 10 000 kg frei Lagerraum ca. M
I. Steinkohlen.							
Ruhrkohle, Nuß I u. II	50/80 u. 30/50	7000—8000	153	110	14	5	282
„ Nuß III	15/30		146	110	14	5	275
„ Nuß IV	8/15		140	110	14	5	269
Saarkohle, Würfel und Nuß I	50/80 u. 35/50	6300—7600	165	91	14	5	275
„ Nuß II	15/35		149	91	14	5	259
„ Nußgries	2/15		130	91	14	5	240
Oberschlesische Steinkohle, Würfel I u. II, Nuß I	90/130 u. 70/90, 40/70	6300—7300	115	145	14	5	279
Oberschlesische Steinkohle, Nuß II	30/40		105	145	14	5	269
Sächsische Steinkohle, Würfel I u. II	50/80 u. 35/50	6000—7200	200	76	14	5	295
„ „ Knörpel I	25/35		190	76	14	5	285
„ „ Knörpel II	15/25		160	76	14	5	255
„ „ Nuß I	12/18		150	76	14	5	245
Böhmische Steinkohle, Pech-, Mittel und Würfel	50/60 u. 30/50	5700—7000	185	75	14	5	279
Böhmische Steinkohle, Nuß I	18/30		165	75	14	5	259
„ „ Nuß II	10/18		140	75	14	5	234
Steinkohlenkoks (lufttrocken)	15/30	6200—7300	290 ab Gaswerk Nürnberg	—	14	5	309
II. Anthrazit (deutscher).							
Kohlscheider, Nuß II	25/50	7500—8100	260	110	14	5	389
„ Nuß III	15/25		200	110	14	5	329
Zeche Langenbrahm, Nuß III	15/25	7700—8200	240	110	14	5	369
Zeche Pörtingssiepen, Nuß III	15/25	7300—8000	225	110	14	5	354
Olbernhauer (Sächsischer), Nuß IIIa	15/25	7300—7600	255	86	14	5	360

Kohlensorte	Korngröße ca. mm	Unterer Heizwert Kal.	Preis f. 10000 kg ab Zeche ca. *M*	Fracht bis Nürnberg ca. *M*	Anfuhr *M*	Einschaufeln *M*	Gesamte Kohlenkosten für 10 000 kg frei Lagerraum ca. *M*
III. Braunkohlen.							
Bruch-Ossegger Kohle (böhm.), Stücke, Mittel I u. II	—; $^{60}/_{120}$ u. $^{35}/_{60}$	4500—5800	113	98	14	5	230
Bruch-Ossegger Kohle (böhm.), Nuß I	$^{20}/_{35}$		100	98	14	5	217
„ „ „ „ Nuß II	$^{12}/_{20}$		86	98	14	5	203
„ „ „ „ Nuß III	$^{5}/_{12}$		71	98	14	5	188
Brüxer Kohle (böhm.), Stücke, Mittel I u. II	—, $^{65}/_{120}$ u. $^{33}/_{65}$	4300—5200	74	93	14	5	186
Brüxer Kohle (böhm.), Nuß I	$^{18}/_{35}$		65	93	14	5	177
Falkenauer Kohle (böhm.), Mittel u. Würfel	$^{60}/_{65}$ u. $^{35}/_{65}$	4000—5300	94	63	14	5	176
Falkenauer Lignit (böhm.), Stücke, Mittel I u. II	—, $^{65}/_{120}$ u. $^{33}/_{65}$	3000—3800	36	63	14	5	118
Lausitzer Braunkohlenbriketts (Bockwitz)	—	4300—5000	111	92	14	5	222
Sächsische Braunkohlenbriketts (Meuselwitz)	—	4500—5200	93	72	14	5	184
Oberpfälzische Braunkohlenbriketts (Wackersdorf)	—	4400—5000	100	30	14	5	149
Rheinische Braunkohlenbriketts	—	4300—5200	96	100	14	5	215
Kaumazit (Böhm. Braunkohlenkoks)	—	5500—6700	125	85	14	5	229
Oberbayerische Braunkohlen, Würfel	$^{30}/_{50}$	3800—5900	191	70	14	5	280
„ „ Nuß I	$^{12}/_{25}$		151	70	14	5	240
„ „ Nuß II	$^{6}/_{12}$		128	70	14	5	217
Sächsische Braunkohlen	—	2000—2800	35	72	14	5	126
Oberpfälzische Braunkohlen (Wackersdorf)	—	1900—2500	35	30	14	5	84

Anlagekosten von Flammrohrkesseln[1])

für Handfeuerung, ohne Rohrleitung.

Betriebsdruck 12,5 Atm. Üb., Dampftemperatur 320° C.

Wasserberührte Heizfläche in qm	Einflammrohr-		Zweiflammrohrkessel					
	30	40	50	60	70	80	100	125
Heizfläche des Überhitzers . . qm	15	17	23	27	30	35	40	50
Schornstein obere lichte Weite m	0,60	0,60	0,70	0,70	0,75	0,80	0,90	1,00
Schornstein Höhe über Boden m	25	30	35	35	35	35	40	40
Anlagekosten:								
Kessel samt Armaturen, einschl. Fracht und Aufstellung . . . *M*	4 000	5 000	6 000	6 500	7 800	8 500	10 000	12 000
Überhitzer, einschl. Rohrleitung zw. Dom u. Überhitzer . . . *M*	1 700	1 800	2 000	2 400	2 700	3 000	3 300	3 800
Einmauerung, einschl. normal. Fundament . . . . *M*	900	1 000	1 200	1 400	1 900	2 200	2 400	2 900
Speisevorricht. (Kolbenpumpen) *M*	500	550	600	700	800	900	1 100	1 200
Gesamtkosten *M*	7 100	8 350	9 800	11 000	13 200	14 600	16 800	19 900
Schornstein mit norm. Fund. u. Blitzableiter . . . . *M*	2 400	2 600	2 800	2 800	3 000	3 500	4 200	4 600

[1]) Die Preise entsprechen einem guten Fabrikat und einer mittleren Konjunktur.

Anlagekosten von Wasserrohrkesseln[1])

mit Kettenrostfeuerung, ohne Rohrleitung.

Betriebsdruck 12,5 Atm. Üb., Dampftemperatur 840° C.

Wasserberührte Heizfläche in qm		100	125	150	180	200	250	300	350	400
Heizfläche des Überhitzers	qm	40	50	60	75	80	95	115	135	150
Heizfläche des Ekonomisers	qm	64	80	96	120	128	144	192	240	288
Schornstein obere lichte Weite . . .	m	0,90	1,00	1,10	1,20	1,10	1,20	1,30	1,40	1,50
Schornstein Höhe über Boden . . .	m	40	40	40	40	50	50	50	55	60
Anlagekosten:										
Kessel samt Armaturen und Kettenrost-Feuerung, einschl. Fracht	*M*	10 500	11 500	12 700	14 000	15 000	17 500	21 000	24 000	27 000
Überhitzer einschl. Rohrleit. zwischen Kessel und Überhitzer	*M*	3 300	3 800	4 100	4 600	5 100	5 800	7 000	8 500	10 000
Einmauerung einschl. norm. Fundament u. Montage	*M*	2 800	3 200	3 600	4 000	4 500	6 000	6 800	8 000	9 000
Speisevorrichtung (Kolbenpumpen) . .	*M*	1 200	1 350	1 500	1 700	1 900	2 300	2 800	3 200	3 600
Ekonomiser samt Einmauerung und Montage	*M*	3 160	3 900	4 640	5 800	6 300	7 250	9 500	11 700	13 900
Motor und Zwischenvorgelege für Kettenrost	*M*	500	550	600	620	650	650	700	700	750
Ekonomiser-Motor	*M*	300	300	330	350	400	500	600	650	700
Wasserreinigungsanlage	*M*	2 000	2 200	2 400	2 800	3 000	3 900	4 800	5 300	5 800
Gesamtkosten	*M*	23 760	26 800	29 870	33 870	36 850	43 900	53 200	62 050	70 750
Schornstein mit norm. Fund. u. Blitzableiter	*M*	4 200	4 600	5 200	6 000	7 000	7 500	8 000	9 000	10 500

[1]) Die Preise entsprechen einem guten Fabrikat und einer mittleren Konjunktur.

Preise von Wasserreinigungsapparaten.

Leistung in cbm pro Stunde	Preis in Mark	Leistung in cbm pro Stunde	Preis in Mark
0,2	600.—	15	4500.—
0,5	1150.—	20	5400.—
1	1400.—	25	6000.—
2	1700.—	30	6500.—
3	2100.—	40	7500.—
5	2600.—	50	9100.—
10	3600.—	60	10700.—

Verbesserung des Wirkungsgrades einer Kesselanlage durch nachträglichen Einbau eines Überhitzers oder Ekonomisers.

Der Einbau eines Überhitzers bzw. Ekonomisers in eine bestehende Kesselanlage hat eine Herabsetzung der Abgastemperatur und damit eine Verringerung des Schornsteinverlustes zur Folge. Letzteres bedingt eine Verbesserung des Wirkungsgrades der Anlage. Welche Vorteile im übrigen die Vorwärmung des Speisewassers und die Dampfüberhitzung bieten, ergibt sich aus den Darlegungen S. 109 dieses Bändchens und S. 8 u. 25 im I. Teil.

Bezüglich der Ekonomiser darf hier auf die Ausführungen S. 111 sowie auf diejenigen S. 94 (I. Teil) verwiesen werden. Der erzielte Wärmegewinn ist hier direkt durch die in das Speisewasser übergeführte Wärmemenge bestimmt.

Weniger einfach liegen die Verhältnisse beim Überhitzer. Da derselbe in die Kesselzüge eingebaut ist, so stellt er einen integrierenden Bestandteil des Kessels dar. Es ist hier zu berücksichtigen, daß die hinter dem Überhitzer liegenden Kesselheizflächen weniger wirksam sind als früher, weil sich die Heizgase beim Durchgang durch den Überhitzer abkühlen und somit das Temperaturgefälle nach dem Kesselinnern kleiner wird. Von der zur Trocknung und Überhitzung des Dampfes nutzbar gemachten Wärmemenge ist daher ein der Verschlechterung des Kesselwirkungsgrades entsprechender Betrag in Abzug zu bringen.

Diese Verhältnisse mögen an einem Zweiflammrohrkessel von 100 qm Heizfläche und 12 Atm. Überdruck veranschaulicht werden. Die Temperatur des Sattdampfs betrage rund 190° C und der Wirkungsgrad des Kessels bei Verfeuerung guter Steinkohle von 7500 Kal. und bei 20 kg Dampfleistung 70%. Es ist zu ermitteln, um wieviel sich der Wirkungsgrad durch Einbau eines Überhitzers für 300° C Dampftemperatur erhöht. Die Dampfleistung betrage mit Überhitzer 19 kg/qm[1]).

Bis zum Flammrohrende bleibt der Wärmedurchgang nach dem Kesselinnern derselbe wie ohne Überhitzer. Dagegen wird die Wärmeaufnahme des Kesselmantels geringer, weil gemäß oben für den Wärmedurchgang ein kleineres Temperaturgefälle zur Verfügung steht, als wenn kein Überhitzer vorhanden wäre. Ohne Überhitzer möge die Heizgastemperatur hinter den Flammrohren 550° C und am Kesselende 300° C betragen. Demnach ist bei Nichtvorhandensein eines Überhitzers das mittlere Temperaturgefälle für den Kesselmantel $\frac{550 + 300}{2} - 190 = 235°$ C.

Bei einer Speisewassertemperatur von 25° C beträgt die Erzeugungswärme des Sattdampfs rund 644 Kal. Die Überhitzungswärme ist ca. 60 Kal., mithin die

[1]) Vgl. diesbezüglich die Ausführungen S. 140, Absatz 3.

Erzeugungswärme des Heißdampfs 704 Kal. Damit berechnet sich der stündliche Kohlenverbrauch zu $\frac{19 \cdot 100 \cdot 704}{7500 \cdot 0{,}73} = 244{,}5$ kg. Hierbei wurde der Wirkungsgrad des Kessels mit Überhitzer zu 73% geschätzt.

Unter Annahme von 50% Luftüberschuß, entsprechend ca. 12% Kohlensäuregehalt der Abgase, bestimmt sich gemäß S. 130 das pro Kilogramm Kohle entstehende Gasvolumen zu rund 12 cbm. Nimmt man die spezifische Wärme der Heizgase zu 0,32 und den Strahlungsverlust des Überhitzermauerwerks zu 10% an, so ergibt sich die Temperaturabnahme der Heizgase beim Durchgang durch den Überhitzer zu $\frac{19 \cdot 100 \cdot 60}{244{,}5 \cdot 12 \cdot 0{,}32} \cdot 1{,}10$ = rund 133° C.

Macht man nun die — eventuell später zu berichtigende — Annahme, daß bei Vorhandensein eines Überhitzers die Abgastemperatur auf 250° C heruntergeht, so ergibt sich das mittlere Temperaturgefälle für den Kesselmantel zu $\frac{550 - 133 + 250}{2} - 190 = 144°$ C. Ohne Überhitzer betrug dasselbe 235° C. Es kann nun angenommen werden, daß sich der Wärmeübergang im Verhältnis $\frac{\sqrt{144}}{\sqrt{235}}$ bis $\frac{144}{235}$, d. h. um 22 bis 39%, im Mittel also um 30% verschlechtert. Während die Temperaturabnahme der Heizgase ohne Überhitzer 550 — 300 = 250° C beträgt, werden mit Überhitzer nur 250 · 0,70 = 175° C zur Dampfbildung nutzbar gemacht, d. h. man hat mit Überhitzer eine Endtemperatur von 550 — 133 — 175 = 242° C. Bei Wiederholung der Rechnung ergibt sich die Abgastemperatur genauer zu 245° C. Wenn der

Wärmedurchgang des Kesselmantels derselbe wäre wie ohne Überhitzer, so müßte die Abgastemperatur $300 - 133 = 167°$ C sein.

Unter Annahme einer Lufttemperatur von 25° C ist der Schornsteinverlust ohne Überhitzer $0{,}66 \frac{300 - 25}{12} = 15{,}1\%$ und mit Überhitzer $0{,}66 \frac{245 - 25}{12} = 12{,}1\%$. Der Wirkungsgrad der Kesselanlage verbessert sich daher durch Einbauen des Überhitzers um ca. 3%, erhöht sich demnach auf ca. 73%. In Wirklichkeit ist die Verbesserung des Wirkungsgrads um ein Geringes kleiner, weil durch das Überhitzermauerwerk die Strahlungsverluste der Kesselanlage etwas vergrößert werden.

Zum Schluß möge noch darauf hingewiesen sein, daß bei vorstehender Rechnung stillschweigend gleiche Feuerungsverhältnisse vorausgesetzt wurden. Beträgt bei Sattdampf die Dampfleistung 20 kg/qm, so ist dieselbe bei Einbau des Überhitzers zu $20 \frac{644 \cdot 0{,}73}{704 \cdot 0{,}70} =$ rund 19 kg/qm anzunehmen. Würde man die Beanspruchung der Heizfläche beidemal gleich groß wählen, so wäre die aufzuwendende Kohlen- bzw. Rauchgasmenge bei Heißdampf wesentlich größer und man würde deshalb keine vergleichbaren Werte für die Abgastemperatur bzw. den Schornsteinverlust bekommen.

Versuchsergebnisse.

Von den zahlreichen, unter meiner Leitung ausgeführten Verdampfungsversuchen seien nachstehend drei wiedergegeben.

1. Ende 1907 nahm ich im städtischen Elektrizitätswerk in Schweinfurt einen von den Guilleaume-Werken in Neu-

stadt a. H. gelieferten Wasserrohrkessel ab. Der Kessel, welcher Sattdampf von 10 Atm. Üb. erzeugte, hatte eine wasserberührte Heizfläche von 175,15 qm und eine Rostfläche von 4,607 qm. Verfeuert wurden Steinkohlen auf einem von Hand beschickten Planrost. Der eine der beiden Verdampfungsversuche ergab:

Versuchsdauer	8,083	Std.
Mittlerer Dampfüberdruck im Kessel	8,92	Atm.
Mittlere Speisewassertemperatur	12,18°	C
Mittlere Rauchgastemperatur (vor Rauchsch.)	380°	C
Mittlerer Kohlensäuregehalt der Rauchgase	12	Vol.-Proz.
Barometerstand am Versuchstage	743	mm
Gesamter Kohlenverbrauch	3282,1	kg
Gesamter Speisewasserverbrauch	26 200	kg
Kohlenverbrauch pro Stde. u. qm Rostfläche	88,131	kg
Speisewasserverbrauch pro Stde. u. qm Heizfl.	18,505	kg
Verdampfungsziffer, bezogen auf Normaldampf	8,13	

Der Heizwert der verwendeten Kohle ergab sich bei 5,36% Feuchtigkeitsgehalt und 6,12% Aschengehalt zu 7346 Kal. (in Bombe ermittelt). Damit bestimmt sich der Wirkungsgrad der Kesselanlage zu rund 71%.

Das Gewicht der Herdrückstände betrug 173 kg, deren Gehalt an Verbrennlichem 54%.

2. Ende 1909 führte ich im städtischen Elektrizitätswerk Wunsiedel die Garantieversuche an zwei Zweiflammrohrkesseln aus. Die Kessel stammten von J. Piedboeuf in Aachen und besaßen eine wasserberührte Heizfläche von 50,15 qm, eine Überhitzerheizfläche von 20,5 qm und eine Rostfläche von 2,1 qm. Verfeuert wurden böhmische Braunkohlen auf handbeschickten Planrosten. Der eine der Versuchskessel ergab:

Dauer des Versuchs	8	Std
Brennstoff:		
Böhmische Braunkohle, Korngröße	ca. 20—80	mm
Preis pro 10 000 kg frei Kesselhaus	95	*M*
Gehalt an Asche	8,15%	
Gehalt an Wasser	41,85%	
Heizwert (ermitt. i. d. kalor. Bombe)	3498,5	Kal.
Verheizt im ganzen	2120	kg
Verheizt pro Stde. u. qm Rostfläche	126,2	kg

Herdrückstände:		
Insgesamt	114 kg	
In Proz. des verheizten Brennstoffes	5,38%	
Verbrennliches (Kohlenstoff)	10,15%	
Heizgase:		
Temperatur vor Rauchschieber	329,1° C	
Lufttemperatur im Kesselhaus	19,0° C	
Mittlerer Kohlensäuregehalt in Vol.-%	10,2%	
Mittlerer Sauerstoffgehalt in Vol.-%	9,1%	
Zugstärke vor Rauchschieber (Wassersäule)	6,7 mm	
Speisewasser:		
Temperatur vor dem Kessel	34,3° C	
Im ganzen verdampft	7400,0 kg	
In überhitzten Dampf übergeführt	7108,8 kg	
Für Speisepumpe verbrauchter Sattdampf	291,2 kg	
Dampferzeugung pro Stde. u. qm Heizfl.	18,44 kg	
Dampf:		
Mittlerer Überdruck	10,3 Atm.	
Erzeugungswärme des Sattdampfs	633,1 Kal.	
Temperatur hinter Überhitzer	294,1° C	
Erzeugungswärme des Heißdampfs	693,4 Kal.	
Verdampfung:		
Dampferzeugung pro kg Brennstoff	3,49 kg	
Verdampfungsziffer, bez. auf Normaldampf	3,769	
Dampfpreis pro 1000 kg Dampf	2,72 *M*	
Wärmebilanz:	Kal.	Proz.
Nutzbar gemacht: 1. zur Verdampfung	2209,8	63,2
2. zur Überhitzung	202,1	5,8
Verluste: 1. durch freie Wärme d. Abgase	769,7	22,0 [1]
2. Unverbranntes (Herdrückst.)	44,2	1,2
3. Strahlung, Leitung, Ruß, unverbrannte Gase usw. (Restglied)	272,7	7,8
Heizwert des Brennstoffs	3498,5	100,0

Der Wirkungsgrad von insgesamt 69% ist in Anbetracht des minderwertigen Brennstoffs und der Beschickung von Hand als sehr gut zu bezeichnen.

3. Ende 1909 führte ich im städtischen Elektrizitätswerk Bayreuth die Garantieversuche an zwei Zweiflammrohrkesseln für 12 Atm. Betriebsdruck aus. Die Kessel stammten von der

[1]) Wurde auf Grund der Zusammensetzung des Brennstoffs berechnet.

Maschinenfabrik Augsburg-Nürnberg und besaßen eine wasserberührte Heizfläche von 100 qm, eine Überhitzerheizfläche von 35 qm und eine Ekonomiserheizfläche von 168 qm. Die Fläche der zwei Planroste betrug zusammen 2,41 qm. Verfeuert wurden böhmische Braunkohlen mit Hilfe von mechanischen Rostbeschickern. Die Versuche wurden an der einen Kesselanlage durchgeführt. Der eine der Versuche lieferte folgende Ergebnisse:

Dauer des Versuchs	8 Std.
Brennstoff:	
Böhmische Braunkohle, Korngröße	ca. 30—40 mm
Preis pro 10 000 kg frei Kesselhaus	144 *M*
Gehalt an Asche	5,33%
Gehalt an Wasser	20,67%
Heizwert (ermitt. i. d. kalor. Bombe)	4446 Kal.
Verheizt im ganzen	2650 kg
Verheizt pro Stde. u. qm Rostfläche	137,4 kg
Herdrückstände:	
Insgesamt	87,5 kg
In Proz. des verheizten Brennstoffs	3,3%
Heizgase:	
Temperatur vor bzw. hinter Überhitzer	589—361° C
Temperatur hinter Kessel (vor Rauchsch.)	319° C
Temperatur vor bzw. hinter Ekonomiser	246—117° C
Lufttemperatur im Kesselhaus	18° C
Kohlensäuregehalt hinter Kessel bzw. hinter Ekonomiser	12,5—6,6 V.-%
Sauerstoffgehalt hinter Kessel bzw. hinter Ekonomiser	6,4—12,8 V.-%
Zugstärke vor Rauchschieber (Wassersäule)	9,3 mm
Zugstärke hinter Ekonomiser (Wassersäule)	14,8 mm
Speisewasser:	
Temperatur vor bzw. hinter Speisebehälter	6,5—27° C
Temperatur vor bzw. hinter Ekonomiser	23,8—103,0° C
Temperatur vor Kessel	92,6° C
Im ganzen verdampft	13 231 kg
In überhitzten Dampf übergeführt	12 705 kg
Für Speisepumpe verbrauchter Sattdampf	526 kg
Dampferzeugung pro Stde. u. qm Heizfl.	16,54 kg

Dampf:		
Mittlerer Überdruck	12,3 Atm.	
Temperatur hinter Überhitzer	316,0° C	
Erzeugungswärme des Heißdampfs, bez. auf Speisewasser von 0°.	737,9 Kal.	
Verdampfung:		
Dampferzeugung pro kg Brennstoff . . .	4,993 kg	
Verdampfungsziffer, bez. auf Normaldampf	5,552	
Dampfpreis pro 1000 kg	2,88 *M*	
Wärmebilanz:	Kal.	Proz.
Nutzbar gemacht: zur Vorwärmung	343,5	7,7
zur Verdampfung . . .	2878,6	64,8
zur Überhitzung	329,9	7,4
Verluste: durch freie Wärme der Abgase . .	435,7	9,8
durch Unverbranntes (Herdrückst.), Strahlung, Leitung, Ruß, unverbrannte Gase usw. (Restglied) . .	458,3	10,3
Heizwert des Brennstoffs	4446	100,0

Die Untersuchung der lufttrockenen Kohlen ergab einen Prozentgehalt an Feuchtigkeit von 13,76%, an Mineralbestandteilen von 5,33%, an Kohlenstoff 60,36%, Wasserstoff 5,47%, Sauerstoff 14,25%, schädlichem Schwefel, d. i. die Differenz zwischen Gesamtschwefel und Aschenschwefel 0,83%.

Der Temperaturverlust des Speisewassers zwischen Ekonomiser und Kessel wurde durch nachträgliches Isolieren der Speiseleitung auf 2—3° C herabgedrückt. Der Gesamtwirkungsgrad von 79,9% wurde dadurch noch um ca. 1% verbessert.

VI. Abschnitt.

Die Wahl des Kesselsystems.

Von Einfluß auf die Wahl des Kesselsystems sind vor allem die örtlichen Verhältnisse, die Betriebsansprüche, die Größe der Anlage und der in Betracht kommende Brennstoff. Je teurer der letztere, desto mehr muß auf eine gute Wärmeausnützung geachtet werden.

Am häufigsten gelangt der Flammrohrkessel zur Anwendung. Derselbe ist insbesondere dort am Platz, wo gute Kohlen die Vorteile der Innenfeuerung zur Geltung kommen lassen. Für minderwertiges Brennmaterial dagegen ist er weniger geeignet. Auch dort ist der Flammrohrkessel — sowie auch der Feuerbüchskessel — nicht am Platz, wo die Anlage zeitweise ohne genügende Überwachung betrieben wird, da er infolge der geringen Wasserbedeckung seiner Rohre gegen Vernachlässigungen des Wasserstandes empfindlicher ist als der Walzenkessel, der kombinierte Kessel oder auch der Wasserrohrkessel.

Neben dem Flammrohrkessel kommt vor allem der Wasserrohrkessel in Betracht. Derselbe besitzt außer der Eignung für hohen Druck den Vorzug geringen Raumbedarfs und rascher Betriebsbereitschaft. Letztere ist insbesondere für Reserveanlagen und solche Anlagen von großem Wert, die nur in kurzen Zeitabschnitten betrieben werden. Allerdings bedingt der geringe Wasser- und Dampfraum des Wasserrohrkessels ein geringes Wärmebeharrungsvermögen, so daß leicht Änderungen der Dampfspannung eintreten können. Wo es sich um stark wechselnde Dampfentnahme handelt, ist deshalb der Flammrohrkessel zu bevorzugen[1]).

Der Walzenkessel, bei mehrfacher Anordnung auch Batteriekessel genannt, wird heute verhältnismäßig selten angewendet, meist nur in Fällen, wo es sich um geringwertiges Brennmaterial (Holzabfälle) und um schlechtes Speisewasser handelt. Infolge seines großen Wasserinhalts eignet er sich für Betriebe mit besonders starken Belastungsschwankungen.

---

[1]) Wollte man öfter wiederkehrende, plötzliche Belastungssteigerungen durch die Feuerung ausgleichen, so wäre dies sehr unrationell.

Der Heizröhrenkessel wird fast nur noch für Lokomobilen und Lokomotiven angewendet[1]). Er hat mit dem Wasserrohrkessel den Vorzug rascher Betriebsbereitschaft und geringen Raumbedarfs gemein, andererseits aber auch den Nachteil der Empfindlichkeit gegen hartes Speisewasser[2]). In Verbindung mit einem Flammrohrkessel, als sog. kombinierter Kessel, besitzt er den Vorzug einer sehr guten Wärmeausnützung bei verhältnismäßig großem Wasserraum. Letzterer ist für gewöhnlich größer als beim Wasserrohrkessel. Allerdings läßt der kombinierte Kessel in seiner normalen Ausführung nur geringe Dampfleistungen zu.

Soll der Betrieb zeitweise stark forciert werden, so ist der Heizröhrenkessel nicht am Platz, da der verhältnismäßig geringe Querschnitt seiner Röhren ein eigentliches Forcieren der Feuerung nicht gestattet. Hier sind Flammrohr- und Wasserrohrkessel vorzuziehen.

Am häufigsten handelt es sich um die Wahl zwischen einem Flammrohrkessel und einem Wasserrohrkessel. Zu Gunsten des ersteren ist anzuführen, daß er vielleicht betriebssicherer ist als der Wasserrohrkessel, da der letztere sehr viele Röhren mit Dichtungsstellen hat. Auch wird behauptet, daß der Flammrohrkessel, weil befahrbar, leichter zu reinigen ist als der Wasserrohrkessel, bei dem man für jedes Rohr einen Verschlußdeckel öffnen muß[3]). Dagegen hat der Wasserrohrkessel den

[1]) Heizrohrkessel ohne Feuerbüchse und mit Unterfeuerung sind höchstens noch in Tischlereien u. dgl. anzutreffen, da sich für die sperrigen Holzabfälle die Unterfeuerung besser eignet als die Innenfeuerung.

[2]) Der Heizröhrenkessel ist wesentlich schwerer von Kesselstein zu reinigen als der Wasserrohrkessel, es sei denn, daß er ein ausziehbares Rohrsystem besitzt (Lokomobilkessel).

[3]) Bei den heute gebräuchlichen Turbinenreinigern geht die Entfernung des Kesselsteins aus den Wasserröhren sehr bequem und rasch vor sich. Die Reinigung eines Wasserrohrkessels ist deshalb auch nicht viel zeitraubender, als diejenige eines Flammrohrkessels.

Vorzug, daß er bei Heizflächen über 80—100 qm im allgemeinen billiger ausfällt als der Flammrohrkessel, welcher bei den heute üblichen hohen Dampfspannungen sehr starke Mäntel bekommt.

Der Flammrohrkessel wird gebaut bis zu Heizflächen von 130—140 qm, der Wasserrohrkessel bis ca. 450 qm. Letzterer wird aus Preisrücksichten nur selten unter 80—100 qm Heizfläche ausgeführt.

Größere Heizflächen sind in zwei oder mehr Kessel zu unterteilen. Durch stärkere Unterteilung wird die Kesselanlage zwar teurer, jedoch ist die Betriebssicherheit eine höhere, da die Anlage in sich selbst eine Reserve hat. Passiert nämlich an einem Kessel etwas, so können die übrigen Kessel bis zur Inbetriebsetzung des Reservekessels entsprechend forciert werden. Was den letzteren betrifft, so fällt derselbe um so billiger aus, je mehr bzw. je kleinere Einheiten zur Aufstellung kommen.

Die sog. Hochleistungs-Wasserrohrkessel ergeben zwar in Verbindung mit einem Ekonomiser dieselbe, unter Umständen sogar eine bessere Wärmeausnützung wie andere Kesselsysteme und sind dabei eher billiger als diese, da die Ekonomiser-Heizfläche verhältnismäßig wohlfeil ist. Jedoch sollten Hochleistungskessel nur dort angewendet werden, wo es sich um äußerste Platzersparnis handelt und wo Kondensat gespeist werden kann. Dies beides trifft im allgemeinen nur für Dampfturbinenkraftwerke in großen Städten zu. Für solche Werke kann sich auch die Aufstellung von sog. Steilrohrkesseln empfehlen, da dieselben die denkbar geringste Grundfläche beanspruchen[1]).

[1]) Bemerkt sei, daß bei den Steilrohrkesseln das — unter normalen Betriebsverhältnissen allerdings selten vorkommende — Nachdichten und Auswechseln der Rohre im allgemeinen mehr Zeit erfordert als bei gewöhnlichen Wasserrohrkesseln und daß manche Konstruktionen eine

Im übrigen muß hier auf die eingehende Besprechung der verschiedenen Kesselsysteme im I. Teil verwiesen werden.

Allgemeine Ratschläge.

Beim Ankauf einer Kesselanlage empfiehlt es sich, von vornherein präzise Garantien bezüglich Dampfleistung, Überhitzung, Vorwärmung und Wärmeausnützung sowie bezüglich Material und Ausführung zu verlangen und dieselben vertraglich festzulegen. Hierbei kann mit der liefernden Firma die Vereinbarung getroffen werden, daß vor der definitiven Übernahme der Anlage eine Abnahmeprüfung auf Grund der bestehenden Normen, und zwar von seiten eines unparteiischen Sachverständigen, stattzufinden hat. Werden hierbei die eingegangenen Garantien nicht erreicht, so ist dem Lieferanten eine angemessene Frist zur Beseitigung der Mängel zu gewähren. Vermag der Lieferant die Garantien auch dann noch nicht nachzuweisen, so kann ein entsprechender, vorher vereinbarter Abzug vom Kaufpreis gemacht oder eventuell die Anlage zur Verfügung des Lieferanten gestellt werden. Ehe man sich jedoch hierzu entschließt, ist es zweckmäßig, dem Lieferanten noch eine Nachfrist zu stellen.

Da die wirtschaftlichen Garantien direkt nach der Inbetriebsetzung der Anlage nachgewiesen werden können, so empfiehlt es sich schon aus juristischen Gründen, die Abnahmeprüfung sofort auszuführen. Ist dies jedoch nicht möglich, oder wünscht der Käufer einen längeren Probebetrieb, so vereinbare er von vornherein eine bestimmte Frist, innerhalb welcher die Garantieversuche vorgenommen werden können.

---

große Neigung zum Mitreißen von Wasser zeigen. Auch ist es bei Verfeuerung hochwertiger Brennstoffe wenig erwünscht, wenn manche Steilrohrkessel mit einer Vorfeuerung ausgerüstet sind.

An dieser Stelle möge auch darauf hingewiesen sein, daß bei dem heute herrschenden regen Wettbewerb immer schärfere Garantien zugesichert werden. So kommt es, daß den Garantiezahlen vielfach eine übertriebene Bedeutung beigelegt wird. Das Herumreiten auf Garantiezahlen ist aber durchaus verfehlt. Denn es ist bekannt, daß gerade bei Dampfanlagen die auf die Spitze getriebenen Garantien nur bei Versuchen, und auch hier meist nur durch Inanspruchnahme der üblichen Toleranz erreicht werden. Man sollte deshalb sein Augenmerk hauptsächlich auf eine zweckmäßig und einheitlich durchgebildete Gesamtanlage richten.

Register.

FSC
www.fsc.org
MIX
Papier | Fördert
gute Waldnutzung
FSC® C083411

Kolibri 360 GmbH
Ferdinand-Jühlke-Straße 7
99095 Erfurt, Deutschland
produktsicherheit@kolibri360.de